高等职业教育机电类专业"十三五"规划教材

# 可编程自动化控制器（PAC）技术基础

卢玉锋　刘艳春　主　编

张晓燕　张　瑞　　副主编

房永亮　刘　丹

张云龙　主　审

U0316951

中国铁道出版社有限公司

CHINA RAILWAY PUBLISHING HOUSE CO., LTD.

## 内 容 简 介

本书以 GE 智能平台标准 PAC 培训系统 DEMO 为学习对象，介绍 GE 智能平台标准 PAC 的基础知识和综合项目设计与实训。本书采用项目引领，任务驱动的模式编写而成，内容包括：GE 智能平台介绍、标准 PAC 培训系统、Proficy Machine Edition 软件编程基础、GE 智能平台触摸屏与组态编程、GE 智能平台综合技能项目设计与实训等。内容由易到难，由浅入深，图文并茂，实操性强。

本书适合作为高等职业院校机电一体化技术、电气自动化技术、过程控制技术等相关专业的教学用书，也可以作为工程技术人员培训和自学 GE 基础 PAC 系统的参考用书。

### 图书在版编目（CIP）数据

可编程自动化控制器（PAC）技术基础/卢玉锋，
刘艳春主编. — 北京：中国铁道出版社，2016.9（2024.9重印）
高等职业教育机电类专业"十三五"规划教材
ISBN 978 - 7 - 113 - 21925 - 3

Ⅰ. ①可… Ⅱ. ①卢… ②刘… Ⅲ. ①可编程序控制器 –
高等职业教育 – 教材 Ⅳ. ①TM571. 61

中国版本图书馆 CIP 数据核字（2016）第 222971 号

书　　名：可编程自动化控制器（PAC）技术基础
作　　者：卢玉锋　刘艳春

策　　划：祁　云　　　　　　　　　　　编辑部电话：(010) 63549458
责任编辑：祁　云　鲍　闻
封面设计：付　巍
封面制作：白　雪
责任校对：汤淑梅
责任印制：樊启鹏

出版发行：中国铁道出版社有限公司（100054，北京市西城区右安门西街 8 号）
印　　刷：三河市航远印刷有限公司
版　　次：2016 年 9 月第 1 版　　2024 年 9 月第 3 次印刷
开　　本：787 mm×1 092 mm　1/16　印张：13　字数：300 千
书　　号：ISBN 978 - 7 - 113 - 21925 - 3
定　　价：36. 00 元

# 前 言

相比于 PLC，PAC 呈现出更为复杂而有弹性的集成性应用。PAC 作为一种工业自动化、智能化控制的新一代自动化控制设备，是实现智能制造、智慧工厂的必备基础。目前，可编程自动化控制器（PAC）技术已经成为新时代机电一体化、电气自动化等专业的核心课程。

本书内容以 GE 智能平台大学计划自动化系统集成实验室——标准 PAC 培训系统为学习对象，设计了 5 个学习项目。项目 1 为初识 GE 智能平台，是有关 GE 智能平台的预备知识；项目 2 为认知标准 PAC 培训系统，主要介绍 GE 智能平台标准 PAC 培训系统组成、Proficy Machine Edition 软件安装及使用、GE 智能平台 PAC RX3i 硬件组态等；项目 3 为 Proficy Machine Edition 软件编程基础，主要介绍 GE 智能平台常用基础指令的应用；项目 4 为 GE 智能平台触摸屏与组态编程，主要介绍 GE 触摸屏 Quick Panel View/Control 的组态编程应用；项目 5 为 GE 智能平台综合技能项目设计与实训，是前面任务所学技能的综合应用。

本书中的每个项目由不同的任务构成，前四个项目中的每个任务由任务目标、任务描述、任务分析、相关知识、任务示范、能力实训、拓展提高和思考练习等八个部分组成。学习者需要明确任务目标，通过任务描述对任务进行分析讨论，掌握完成任务的相关知识。教师通过引导学习者在课堂上完成任务来进行教学，体现一体化教学中的"做中学"，以达到学习和掌握知识技能的目的；能力实训则是学习者"学中做"的技能测评；拓展提高部分是针对学习能力较强的学习者进一步掌握更高技能而设计的；思考练习针对平时实训过程中常见的问题，帮助学生巩固所学技能。最后一个项目给出八个任务，鼓励每一个学习者对同一个任务设计不同的演示效果，实行差异化教学。

本书的任务示范均经过实践论证。

本书由包头轻工职业技术学院卢玉锋、刘艳春任主编；包头轻工职业技术学院张晓燕、张瑞、房永亮、刘丹任副主编；包钢钢管公司王志彬，包头轻工职业技术学院蔡静、卢尚工，东方希望包头稀土铝业有限责任公司段睿瑞等参与了本书的编写。其中，张瑞、房永亮、蔡静等编写了项目 1；卢玉锋编写了项目 2 和项目 3，并对全书项目进行设计、任务验证、统稿等；张晓燕、刘丹、王志彬、段睿瑞等编写了项目 4；刘艳春、卢尚工等编写了项目 5。本书由张云龙教授主审，王瑞清、石磊等参与了部分章节的审核工作，对教材的编写提出了宝贵建议和意见。本书编写过程中，GE 智能平台和南京康尼公司的工程师提供了标准 PAC 培训系统有关的技术数据和资料，中国铁道出版社也给予了大力支持和帮助，在此一并表示衷心的感谢！

限于编者的经验、水平及时间，书中难免存在疏漏与不妥之处，敬请大家批评、指正。

编 者
2016 年 6 月

# 目 录

项目1 初识 GE 智能平台 ·················································· 1

任务1 认识 GE 智能平台 PAC 系统 ·································· 2
任务2 GE 智能平台大学计划组成 ·································· 7

项目2 认知标准 PAC 培训系统 ·········································· 12

任务1 标准 PAC 培训系统硬件组成 ·································· 13
任务2 Proficy Machine Edition 软件安装、授权与卸载 ·················· 32
任务3 Proficy Machine Edition 软件的使用 ·························· 44
任务4 临时 IP 地址的设定 ·········································· 56
任务5 GE 智能平台 PAC RX3i 硬件组态 ·························· 66
任务6 项目验证下载保存 ·········································· 84

项目3 Proficy Machine Edition 软件编程基础 ·························· 92

任务1 位逻辑指令应用 ············································ 93
任务2 计时器指令应用 ············································ 110
任务3 计数器指令应用 ············································ 117
任务4 温度和电流模拟量应用 ······································ 121
任务5 项目备份、删除与导入 ······································ 133

项目4 GE 智能平台触摸屏与组态编程 ·································· 138

任务1 认识 GE 智能平台触摸屏——Quick Panel View/Control ·········· 139
任务2 触摸屏组态及工具栏介绍 ···································· 144
任务3 按钮指示灯的触摸屏组态编程 ································ 151
任务4 电动机顺序启动控制的触摸屏组态编程 ························ 159
任务5 模拟量温度值在触摸屏中的动态显示 ·························· 169

项目5 GE 智能平台综合技能项目设计与实训 ·························· 174

任务1 舞台灯光模拟项目设计与实训 ································ 175
任务2 乒乓球赛项目设计与实训 ···································· 179
任务3 交通灯模拟项目设计与实训 ·································· 182
任务4 3 层电梯模拟项目设计与实训 ································ 185

任务 5　混合液体模拟项目设计与实训 ……………………………………………… 189

任务 6　轧钢模拟机项目设计与实训 ………………………………………………… 193

任务 7　机械手搬运模拟项目设计与实训 …………………………………………… 196

任务 8　全自动洗衣机模拟项目设计与实训 ………………………………………… 199

参考文献 ………………………………………………………………………………… 202

# 项目 **1**

# 初识GE智能平台

### 🖥 知识目标

- 了解 PAC 技术产生的背景。
- 掌握 PAC 的概念。
- 理解 GE 智能平台的含义。
- 理解 PAC 与 PLC 的异同。
- 掌握 GE 智能平台 PAC 系统的优点。
- 掌握 GE 智能平台大学计划的宗旨。
- 掌握 GE 智能平台大学计划的组成。

### 👨‍🏫 能力目标

- 能够简要概述 PAC 技术产生的背景。
- 能够准确描述 PAC 的基本概念。
- 能够复述 PAC 与 PLC 的异同。
- 能够复述 GE 智能平台 PAC 系统的优点。
- 能够复述 GE 智能平台大学计划的宗旨。
- 能够讲述 GE 智能平台大学计划组成。

### 👨‍🏫 素质目标

- 培养学生查阅资料、整理资料的能力。
- 培养学生整理实训设备、工具，使桌椅板凳等摆放整齐。
  （企业 6S 管理之一——整理）。
- 培养学生整顿实训设备，使之取用快捷（企业 6S 管理二——整顿）。

# 任务 ① 认识GE智能平台PAC系统

- 了解 PAC 技术产生的背景。
- 掌握 PAC 的概念。
- 理解 GE 智能平台的含义。
- 理解 PAC 与 PLC 的异同。
- 掌握 GE 智能平台 PAC 系统的优点。

任务描述

了解传统 PLC 的基础上，理解新一代工业自动化控制系统（PAC 系统）产生的技术背景，掌握 PAC 的概念以及 PAC 与 PLC 之间的区别，从而掌握 GE 智能平台 PAC 系统的优点。

任务分析

新一代工业自动化控制系统（PAC）是本任务掌握的重点，PAC 的系统特性和 GE 智能平台 PAC 系统优点是本任务的难点。在了解了 PAC 技术产生的背景之后，有助于理解 PAC 概念，进而掌握 PAC 系统特性和 GE 智能平台 PAC 系统的优点。

相关知识

## 1. 新一代工业自动化控制系统（PAC）技术背景

20 世纪 PLC 取代继电器控制系统并被广泛地使用到各种控制系统中，成为自动化领域强有力的工具，其优势：高可靠性和高稳定性。

由于 PLC 自身架构的封闭性及对于模拟量处理能力较弱的特点，人们开发了针对流程行业的 DCS 系统（分布式控制系统），但是 DCS 系统也存在造价高、速度较慢等弱点。

20 世纪 90 年代，随着计算机技术的不断提高与发展，自动化行业出现了采用工业 PC 机来处理系统控制的系统。在许多工程应用中，PC 已能实现原来 PLC 的控制功能。并且，具有更强的数据处理能力、强大的网络通信功能，以及能够执行比较复杂的控制算法和近乎无限制的存储容量等优势。但是，基于 PC 的自动化控制也有其不足之处，其设备的可靠性、实时性和稳定性都较差，而这三个方面制约了它在工业现场的应用。

### 2. PAC 的概念的产生

PLC、DCS 和 PC 有各自的优缺点，然而在当前，人们需要的功能越来越多，例如快速运算、海量存储、与其他硬件平台以及网络的连接等，因而传统的 PLC 已不能满足所有的控制需求。从而出现了一种新类型的控制器——PAC（Programmable Automation Controller，可编程自动化控制器）。

### 3. PAC 与 PLC 的异同

虽然 PAC 形式上与传统的 PLC 很相似，但 PAC 系统的性能却广泛全面得多。PAC 是一种多功能控制器平台，它包含了多种用户可以按照自己意愿组合、搭配和实施的技术和产品。但与其相反，PLC 是一种基于专有架构的产品，仅仅具备了制造商认为必要的性能。

PAC 与 PLC 最根本的不同在于它们的基础不同。PLC 性能依赖于专用硬件，应用程序的执行是依靠专用硬件芯片实现，因硬件的非通用性会导致系统的功能前景和开放性受到限制，由于是专用操作系统，实时性、可靠性与功能性都无法与通用实时操作系统相比，这样导致了 PLC 整体性能的专用性和封闭性。

### 4. PAC 厂商的应用

PAC 的概念一经推出，就得到了行业内众多厂商的响应。GE（通用电气）公司陆续发布了其 PACSystems 系列产品 RX3i 与 RX7i。北美 PLC 主导厂商 Rockwell Automation（罗克韦尔自动化）也于 2003 年 11 月推出其 ControlLogix 系统。另外，NI、研华等公司也都相继推出各自的 PAC 系统。

目前，PAC 产品已经被应用到冶金、化工、纺织、轨道、建筑、水处理、电力与能源、食品饮料、机器制造等诸多行业中。

### 任务示范

### 1. PAC 的概念

PAC 的概念是由自动化研究机构（ARC）提出的，它表示可编程自动化控制器，是用于描述结合了 PLC 和 PC 功能的新一代工业控制器。传统的 PLC 厂商使用 PAC 的概念来描述其高端系统，而 PC 控制厂商则用来描述其工业化控制平台。PAC 是具有更高性能的工业控制器，在保留了 PLC 可靠性的同时，更添加了 PC 的强大运算能力，为实现高级工业自动化应用铺平了道路。

### 2. PAC 系统的特性

PAC 系统提供通用发展平台和单一数据库，以满足多领域自动化系统设计和集成的需求。一个轻便的控制引擎，可以实现多领域的功能，包括：逻辑控制、过程控制、运动控制和人机界面等，允许用户根据系统实施的要求在同一平台上运行多个不同功能的应用程序，并根据控制系统的设计要求，在各程序间进行系统资源的分配，其特性如图 1 – 1 所示。

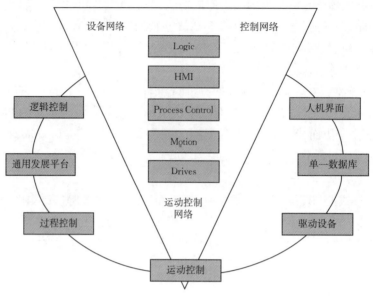

图 1-1　PAC 系统特性示意图

### 3. GE 智能平台介绍

GE（通用电气）公司在世界上率先推出 PAC 系统，GE 智能平台作为市场主要 PAC 系统的供应商，提供最先进的硬件系统和世界领先的软件。

GE 智能平台是美国通用电气公司商业及家用解决方案集团旗下的业务部门之一，作为一个全球化的企业，致力于用先进的、高可靠性的工业自动化技术和全球范围内的服务，帮助用户提高生产力。

### 4. GE 智能平台 PAC 系统优点

PAC 将 PLC 和 PC 的特性最佳地结合在一起。这种控制器结合了 PC 的高处理能力、RAM 的稳定性和软件的优势，以及 PLC 固有的可靠性、坚固性和分布特性。GE 智能平台 PAC 系统相对于传统控制器的优势如下：

（1）高速的、先进的处理器，主频在 2GHz 以上，从而可以满足各种复杂运算及先进的 PID 控制算法，保证用户在运行多个过程处理程序时，程序运行周期一般可控制在 10 ms 的以内。

（2）大容量存储内存，支持最多 512 个，每个 128KB 的子程序，满足用户编写更加复杂和完善的用户程序。除了可以存放程序、数据之外，还可以存储设计文档等，方便用户查阅资料。

（3）高速的 VME（RX 7I）和 PCI（RX 3I）总线，从而实现了高速、大数据量的传输。

（4）PAC 系统支持冗余电源，提高了系统的可用性。

（5）PAC 系统具有高速同步冗余模块，可以实现真正的无扰切换，可以同时采用两块同步模块，大大提高了系统的可用性。

（6）PAC 系统的模块可以安插在机架的任意位置，保护了投资者的投资成本，不会因为某个插槽损坏而导致整个机架无法使用。

（7）PAC 系统的远程 I/O 采用了 ENIU 的方式，高达 100Mbit/s 总线速度，远远优于 Controlnet，Profibus 等总线方式。

（8）PAC 系统拥有良好的系统开放性，可以在同一平台上兼容不同的第三方设备，包括 Profibus、Modbus RTU、Modbus TCP/IP 及串行总线等。

（9）PAC 系统拥有丰富的 I/O 产品，可以满足不同用户的要求。

（10）Proficy ME 是一款统一的软件平台，可以控制器、触摸屏及运动控制器进行编程组态开发，可以大大减少用户对于软件的学习时间。软件支持自动分配符号变量，这一特性允许用户在不指定基准地址的情况下创建变量（与典型的高级语言中变量类似）。外围设备，如 HMI 可以通过变量名访问 CPU 中的符号变量，而无须把数据库从控制器复制到 HMI。用户可以将手动分配变量改变为自动分配变量，从而更大程度地方便用户完成系统及方便维护。

（11）PAC 系统支持 C 语言编程，可以十分简便地实现复杂的控制逻辑、数学运算和先进的控制算法。

（12）PAC 系统支持冗余 IP，可以轻松实现与 HMI 的冗余连接。

**能力实训**

根据所学任务，完成表 1-1 实训内容。

表 1-1 认识 GE 智能平台 PAC 系统技能实训

| 序号 | 实训技能点 | 完成情况 | 备注 |
|---|---|---|---|
| 1 | PAC 的概念 | | |
| 2 | PAC 系统的特性 | | |
| 3 | GE 智能平台简介 | | |
| 4 | GE 智能平台 PAC 系统优点 | | |

**拓展提高**

**1. PAC 双机冗余系统**

PAC 双机冗余系统由两套配置完全相同的控制系统构成，采用冗余机架控制系统结构，每个 CPU 机架分别供电、通信，主备 CPU 分别安装于两个独立的机架上，以防止系统受到共模干扰导致两个 CPU 都受到干扰。

冗余系统只需经简单配置，无须编写程序。其中一台作为控制主机，另一台作为备用机同步扫描，在部件（电源、机架、CPU、冗余模块、GBC 模块）及网络通信出现故障时可无扰切换，随时准备在主机出现故障时，由后备机代替它来继续远程 I/O 进行控制。两个 CPU 的扫描过程都是同步化进行的，以保持主 CPU 和备用 CPU 同步工作，从而在 CPU 之间切换时对过程的影响和扰动降到最低即实现无扰动切换。系统运行过程中，一旦主系统被检测到故障，所有控制将被自动切换至备用系统，热备切换在 2 个扫描周期完成，从而能保证完全的同步和无扰的硬件切换。

冗余控制系统在运行过程中始终保持着设备状态控制数据以及各种内部数据的同步传输，从而，确保两个 CPU 同步运行并可以在两个 CPU 中执行相同的程序，获得相同的结果。主 PAC 和备用 PAC 的数据是在每一扫描周期进行数据同步，同时对 CPU 之间的数据传输进行完整性检查。

**2. GE 智能平台 PAC 系统与传统 PLC 的显著区别**

（1）一套控制系统可以满足多领域控制。

（2）PAC 系统之间的程序可以相互移植。

（3）一个开发平台（Proficy ME），满足多领域自动化系统设计和集成的需求。

**思考练习**

（1）简要复述 PAC 的概念。

（2）PAC 的系统特性有哪些？

（3）PAC 和 PLC 相比有什么不同？

（4）什么是 GE 智能平台？

（5）GE 智能平台 PAC 有哪些优点？

（6）PAC 的应用厂商有哪些？

（7）简要概述 PAC 冗余系统的工作原理。

# 任务 ② GE智能平台大学计划组成

## 任务目标

- 能够复述 GE 智能平台大学计划的宗旨。
- 能够概述 GE 智能平台大学计划的组成部分。
- 能够概述 GE 智能平台大学计划提供的硬件和软件产品。
- 能够讲述 GE 智能平台大学计划组成。

## 任务描述

了解 GE 智能平台大学计划的宗旨、组成部分、提供的硬件和软件产品，进而了解 GE 智能平台大学计划组成，为后续任务奠定基础。

## 任务分析

首先要了解什么是 GE 智能平台大学计划、大学计划的宗旨是什么、大学计划由哪些部分组成、大学计划提供什么产品等问题，为后续任务做铺垫。本教材中后续任务中提到的标准 PAC 培训系统、Proficy Machine Edition 软件、GE 智能平台触摸屏——Quick Panel View/Control 等都是 GE 智能平台大学计划提供的硬件和软件产品。

## 相关知识

GE 智能平台大学计划于 1998 年正式在北美发布。2006 年底，GE 智能平台中国团队将该计划引入中国，希望通过该计划将 GE 智能平台在北美及欧洲的教育、培训经验带到中国，通过携手高等院校，为中国地区自动化专业建设及提升学科人才质量做出努力，同时 GE 智能平台也希望通过这样一个平台，将 GE 的企业文化及百年经营管理的理念带到教育界，以促进 GE 管理文化同中国更深的融合。

在过去几年，GE 智能平台已经同来自全国 80 余所高等院校签署了大学计划战略合作协议。GE 将和学校合作共建自动化实验室，为学校提供其目前在市场上使用最成熟、需求量大的系统。硬件以 PACSystems 及支持 40 轴联动的 PACMotion 运动控制系统为代表；

软件方面，则向学校提供了包括 GE 最优秀的 HMI/SCADAHMI 软件——iFIX、实时历史数据库（Historian）及执行制造系统（MES）在内的软件包。同时，在五年合作期内 GE 智能平台还将针对这些产品提供其标准的培训课程，并使用其全球统一的培训教材以保证内容及深度性。

### 任务示范

**1. GE 智能平台大学计划的宗旨**

（1）帮助大学院校在控制系统和生产管理软件应用领域里教育和培训大学学生，以双方投资，合作共建的方式，为大学院校提供一个特殊的、低成本的途径获得 GE 智能平台的先进的硬件及软件产品来用于实验室教学。

（2）向未来的工程师群体即在校大学生，展示当今自动化领域的发展方向，并以此使大学学生拥有实际系统设计经验。

**2. GE 智能平台大学计划提供的硬件产品**

（1）标准 PAC 培训系统。

（2）现场总线培训系统。

（3）多轴运动控制培训系统。

（4）Versa Motion 可视化单轴运动控制系统。

（5）过程控制培训系统。

（6）QuikPanel 触摸屏。

**3. GE 智能平台大学计划提供的软件产品**

（1）PLC & PAC 及运动控制产品的编程软件 Proficy Machine Edition。

（2）iFIX 组态软件。

（3）Historian 实时历史数据库。

（4）MES 系统——执行制造系统。

（5）统计过程控制软件。

**4. GE 智能平台大学计划组成**

GE 智能平台中国地区大学计划的组成有以下 7 个部分。

（1）自动化系统实验室。在此实验室内对 GE 智能平台提供的软、硬件产品进行非营利性的教学使用，包括以划时代的 PACSystem 硬件系统，以及以执行制造系统（MES）为代表的大学计划软件系统。

该实验室包含以 GE 智能平台软硬件产品为基础的各种解决方案所集成的实训系统。包含基础 PAC 实训室、现场总线实验室、运动控制实验室、过程控制实验室、触摸屏实验室。

（2）教师培训。对大学计划内的教师提供相应的 GE 智能平台全球化的标准培训，培训课程内容包括以下几部分。

①PLC & PAC 硬件编程。

②触摸屏编程。

③HMI/SCADA – iFix 组态软件编程。

④通信编程（串行通信、以太网通信及现场总线）。

⑤多轴及单轴运动控制编程（PACMotion 和 Versamotion）。

⑥过程控制系统编程（Proficy Process System）。

（3）STEP 授权认证培训伙伴。STEP（Strategic Training and Education Partner）战略性培训及教育合作伙伴计划是 GE 智能平台在全球范围内推广的一项合作计划。该计划通过对指定公司或院校实施系列的认证程序，使其成为 GE 智能平台在该公司或院校所在区域内的授权培训中心，证书如图 1 – 2 所示。

图 1 – 2　授权培训中心资格认证

（4）教学教材。针对 GE 智能平台大学计划实验室教所编写的教材。

（5）自动化大奖赛。组织所有大学计划成员参加 GE 智能平台大学生自动化控制设计大赛。

（6）高峰论坛。对大学计划成员提供交流校企合作和实验室发展的平台。

（7）创新中心。创新中心专注新产品、新技术和新的解决方案研发，实行"客户协同创新"模式，更加准确地了解客户真正的需求，也能真正打造出更贴近市场需求的新技术、新产品和解决方案，并能提供全新模式的客户培训和服务。

能力实训

根据所学任务，完成表 1 – 2 的实训内容。

表 1 – 2　GE 智能平台大学计划组成技能实训

| 序号 | 实训技能点 | 完成情况 | 备注 |
| --- | --- | --- | --- |
| 1 | GE 智能平台大学计划的概述 | | |
| 2 | GE 智能平台大学计划的宗旨 | | |
| 3 | GE 智能平台大学计划提供的硬件产品 | | |
| 4 | GE 智能平台大学计划提供的软件产品 | | |
| 5 | 中国地区大学计划组成的七个部分 | | |

**拓展提高**

1. GE 智能平台大学计划行业解决方案

根据学校要求及 GE 智能平台优势行业经验，提供整体解决方案。图 1-3 为汽车制造场景，图 1-4 为钢铁冶金场景。

图 1-3　汽车制造场景

图 1-4　钢铁冶金场景

2. GE 智能平台 2012 年度大学生自动化大奖赛

GE 智能平台 2012 年度大学生自动化控制设计大赛是由通用电气智能平台发起的、面向中国各地已加入其大学合作计划的高校及高职在校生举办的创新型竞赛。大赛将紧紧围绕"GE 智能平台自动化控制智能演示"这个核心，激发学生在自动化控制方面的创新能力，为学生提供一个将所学的理论和实际应用结合在一起的尝试机会，同时也为不同专业、不同院校的学生提供了一个相互交流、协同合作的平台。GE 智能平台 2012 年度大学生自动化大奖赛参赛情况如表 1-3 所示。

表1-3 GE智能平台2012年度大学生自动化大奖赛参赛情况

| 序号 | 参赛学校 | 参赛名称 |
|---|---|---|
| 1 | 福建工程学院 | 蛋白饮料自动化生产管理系统 |
| 2 | 华中科技大学文化学院 | 火电厂辅控系统应用 |
| 3 | 河南工业职业技术学院1队 | 基于iFIX的余热发电系统 |
| 4 | 河南工业职业技术学院2队 | iFIX组态软件在污水处理中的应用 |
| 5 | 黑龙江工程学院 | 基于iFIX组态软件的矿厂集控中心系统设计 |
| 6 | 井冈山大学 | 基于iFIX技术的矿井提升机系统 |
| 7 | 汉江大学 | 采矿井下智能监控系统 |
| 8 | 江苏农林职业技术学院1队 | 智能喷雾及浅液栽培监控系统 |
| 9 | 江苏农林职业技术学院2队 | 智能温室监控系统 |
| 10 | 宁波工程学院 | 基于iFIX的自来水厂自动监控系统设计的工程介绍 |
| 11 | 南京交通职业技术学院 | 能源管理——教学楼电能的节能 |
| 12 | 南宁职业技术学院1队 | 糖厂沉降系统介绍 |
| 13 | 南宁职业技术学院2队 | 糖厂糖浆上浮控制系统介绍 |
| 14 | 南阳理工学院 | 啤酒生产监控系统 |
| 15 | 山西工程职业技术学院1队 | 转炉炼钢生产监控系统介绍 |
| 16 | 山西工程职业技术学院2队 | 热连轧生产监控系统介绍 |
| 17 | 上海大学 | 饮料自主配制装置的远程监控系统设计与开发 |
| 18 | 太原工业学院 | 模拟30万千瓦级别火力发电厂辅网监控专家系统 |
| 19 | 新疆昌吉职业技术学院 | 火力发电厂辅网监控 |
| 20 | 浙江工商职业技术学院 | 小城镇污水处理iFIX监控系统简介 |
| 21 | 郑州铁路职业技术学院 | 地铁综合监控系统 |

**思考练习**

（1）GE智能平台大学计划的宗旨是什么？

（2）GE智能平台大学计划提供哪些硬件产品？

（3）GE智能平台大学计划的软件产品有哪些？

（4）GE智能平台大学计划有哪7部分组成？各部分的功能和作用分别是什么？

# 项目 2

# 认知标准PAC培训系统

 **知识目标**

- 了解标准 PAC 培训系统 DEMO 演示箱上的硬件组成。
- 理解 PACSystems RX3i 各个硬件模块的名称、作用和性能参数。
- 了解 Proficy Machine Edition 软件安装条件和安装步骤。
- 掌握 Proficy Machine Edition 软件项目创建的步骤。
- 掌握 Proficy Machine Edition 软件使用。
- 了解 IP 地址和 MAC 地址的概念。
- 掌握 IP 地址的功能和分配。
- 掌握 PACSystems RX3i 硬件组态方法。
- 理解 CPU 模块的参数含义。
- 掌握项目验证步骤，下载运行并对项目进行备份。

 **能力目标**

- 能够识读标准 PAC 培训系统 DEMO 箱上硬件组成部分。
- 能够描述 PACSystems RX3i 各个硬件模块的名称、作用和功能。
- 能够完成 Proficy Machine Edition 软件安装、卸载与授权。
- 能够使用 Proficy Machine Edition 软件创建工程项目。
- 能够给计算机分配 IP 地址。
- 能够设定临时 IP 地址。
- 能够按照 DEMO 箱上的硬件顺序完成硬件组态。
- 能够对 CPU 模块的参数进行设置。
- 能够对项目进行验证，下载并运行，对项目进行备份。

**素质目标**

- 培养学生遵守安全操作规程。
- 锻炼学生分析问题的能力。
- 培养学生清除垃圾、美化环境的习惯（企业 6S 管理之三——清扫）。

# 任务 ❶

# 标准PAC培训系统硬件组成

## 任务目标

- 了解标准 PAC 培训系统 DEMO 演示箱上的硬件组成部分。
- 能够准确识读 PACSystems RX3i 各个硬件模块的名称、作用和功能。

## 任务描述

GE 智能平台大学计划提供的标准 PAC 培训系统 DEMO 演示箱是自动化控制技术领域国际领先的电气控制智能化教学实验平台，这套设备及其软件为全球 GE 特有的先进的自动控制装置。

在教师示范讲解后完成对准北美 PAC 培训系统 DEMO 演示箱的组成部分有整体了解。在介绍了 GE 硬件产品命名规则的基础上，能够识读 PACSystems RX3i 各个硬件模块名称、进一步了解各个模块的作用以及功能。

了解掌握标准 PAC 培训系统 DEMO 演示箱的组成部分和认知 PACSystems RX3i 各个硬件模块的名称、作用和功能，为后续项目中进行硬件组态和软件编程奠定了基础。

## 任务分析

### 1. 整体介绍标准 PAC 培训系统 DEMO 演示箱

标准 PAC 培训系统 DEMO 演示箱分为三部分，中间部分是 PACSystems RX3i 硬件，这部分是最重要的。上面部分是配置了一块 6 英寸（1 英寸 = 2.54cm）触摸屏，触摸屏的详细信息在项目 4 中介绍，下面部分是传感器、仪表盘、指示灯等操作、显示部分。

### 2. 介绍标准 PAC 培训系统 PACSystems RX3i 硬件组成

标准 PAC 培训系统 DEMO 演示箱中的硬件是学生所学课程中 PLC 硬件组态模块最多的一个学习任务，比之前学过的西门子 S7 – 200PLC 和 S7 – 300PLC 的硬件模块要多。那么对于命名复杂的 GEPAC 硬件模块，要逐个展开介绍，先介绍模块的汉语名称，再介绍订货号名称，最后介绍其功能与作用。

对于初学者来说，能够准确识记模块的订货号名称有点难度，因为 GE 的 PAC 硬件模块订货号的名称由 4 段共 11 位数字和字母交叉组合而成，不太容易记忆。但对学习者来说，必须要求准确识记硬件模块对应的订货号名称，因为在后续硬件组态任务中只有准确识记硬件模块的订货号名称才能完成硬件组态任务。对 GE 的 PAC 硬件模块订货号复杂的名称来说，只要掌握订货号的命名规则，便很好记忆。所以，在介绍硬件模块的订货号之前，参考相关知识部分 GEPAC 硬件产品命名规则。

**相关知识**

### 1. 标准 PAC 培训系统

GE 智能平台（GEIP）大学计划（UP）提供的标准 PAC 培训系统 DEMO 演示箱如图 2-1 所示。

图 2-1 标准 PAC 培训系统 DEMO 演示箱

标准 PAC 培训系统采用 PACSystems RX3i 控制器，属于 GE 的创新型可编程自动控制器（PAC）的 PACSystems 产品系列。和系列中的其他产品一样，PACSystems RX3i 的主要特点在于单控引擎和通用编程环境，从而实现跨硬件平台的应用可移植性并真正融合了多种控制选择。PACSystems 控制引擎可使几种不同的平台具备高性能，有助于 OEM 和终端用户适应应用易变性，选择切实满足自身需求的恰当的控制系统硬件，而所有这些均包含在单一、紧凑且高度集成的组合包中。

### 2. 标准 PAC 培训系统 DEMO 演示箱布置

标准 PAC 培训系统 DEMO 演示箱分为三大部分：GE 智能平台 PACSystems RX3i 系统硬件，人机界面（HMI）6 英寸 TFT 彩屏的 Quick Panel Control 和输入/输出传感器等组成，DEMO 演示箱布置如图 2-2 所示。

### 3. 标准 PAC 培训系统 DEMO 演示箱组成结构

标准 PAC 培训系统 DEMO 演示箱中 PACSystems RX3i 系统的电源模块是 DC 24 V，通

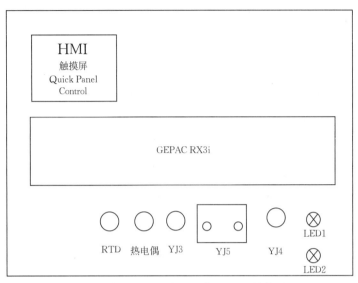

图2-2 标准 PAC 培训系统 DEMO 箱布置图

过一个 AC 220 V 转 DC 24 V 电源，把 DC 24 V 接到 PACSystems RX3i 系统硬件的电源模块，从电源模块引出 2 路路 DC 24 V 电源，其中一路 DC 24 V 电源接到触摸屏的 DC 24 V 电源端子，另一路 DC 24 V 电源接到 DEMO 演示箱电路板的 DC 24 V 电源。PACSystems RX3i 系统与计算机和触摸屏之间通过 TCP/IP（传输控制协议/网际协议）通信，以太网模块 ETM001 上有 2 个 RJ-45 以太网端口，一个以太网端口和计算机相连，一个以太网端口和触摸屏连接。标准 PAC 培训系统 DEMO 演示箱组成结构如图2-3 所示。

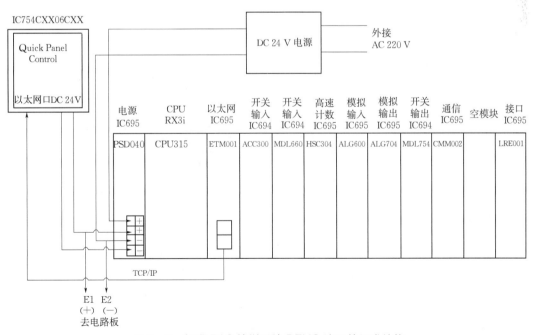

图2-3 标准 PAC 培训系统 DEMO 演示箱组成结构

标准 PAC 培训系统 DEMO 演示箱中 PACSystems RX3i 硬件配置有背板、电源模块、CPU 模块、以太网通信模块、开关量输入/输出模块、模拟量输入/输出模块、高速计数模块、串行通信模块等。具体配置如表 2 - 1 所示。

表 2 - 1    PACSystems RX3i 硬件配置

| 序号 | 模块型号 | 产品简介 |
| --- | --- | --- |
| 1 | IC695CHS012 | RX3i 背板 |
| 2 | IC695PSD040 | RX3i 电源模块 |
| 3 | IC695CPU315 | RX3i CPU 模块 |
| 4 | IC695ETM001 | RX3i 以太网通信模块 |
| 5 | IC694ACC300 | RX3i 开关量输入模拟器模块 |
| 6 | IC694MDL660 | RX3i 开关量输入模块（32 点） |
| 7 | IC695HSC304 | RX3i 高速计数模块 |
| 8 | IC695ALG600 | RX3i 模拟量输入模块（8 通道） |
| 9 | IC695ALG704 | RX3i 模拟量输出模块（4 通道） |
| 10 | IC694MDL754 | RX3i 开关量输出模块（32 点） |
| 11 | IC695CMM002 | RX3i 串行通信模块 |
| 12 | IC694ACC310 | RX3i 空槽模块 |
| 13 | IC695LRE001 | RX3i 基架扩展 |

**4. GEPAC 硬件产品命名规则**

GEPAC 硬件产品名称（订货号）一般由 4 段共 11 位字母和数字组合而成，每段代表不同含义。具体的命名规则如图 2 - 4 所示。

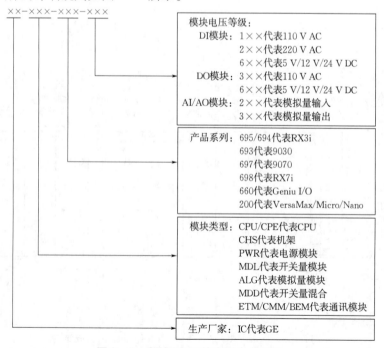

图 2 - 4    GEPAC 硬件产品命名规则

## 1. 背板（IC695CHS012）

PAC RX3i 系统有两种通用背板，16 槽的通用背板（IC695CHS016）和 12 槽的通用背板（IC695CHS012）。标准 PAC 培训系统 DEMO 箱用的是 12 槽的通用背板，示意图及相关功能如图 2 – 5 所示。下文所示的 DEMO 演示箱均是指标准 PAC 培训系统 DEMO 演示箱。

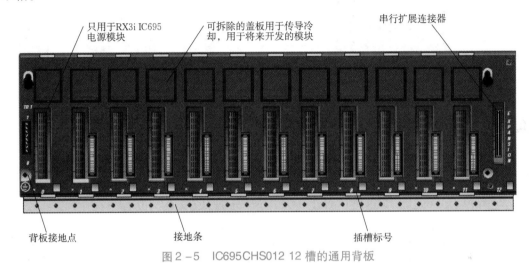

图 2 – 5　IC695CHS012 12 槽的通用背板

通用背板使用 4 个优质的机械螺钉，固定垫圈和平垫圈来固定。绝大多数的模块占用一个槽，一些模块例如 CPU 模块以及交流电源，占用两个槽。从槽 1 到 11，每槽有两个连接器，一个用于 RX3i PCI 总线，另一个用于 RX3i 串行总线。每个槽可以接受任何类型的兼容模块：IC695 电源、IC695CPU 或者 IC695、IC694 以及 IC693 I/O 或选项模块。

RX3i 通用背板是双总线背板，既支持 PCI 总线的（IC695）又支持串行总线的（IC694）I/O 和可选智能模块。RX3i 通用背板同样支持可选智能模块。背板性能参数如表 2 – 2 所示。

表 2 – 2　背板（IC695CHS012）参数

| 模块 | IC695CHS012 |
| --- | --- |
| 产品名称 | PACSystems RX3i 12 槽高速控制器背板，支持 PCI 总线和串行总线 |
| 模块类型 | 通用控制器和 I/O 底板 |
| 模块热交换 | 控制器背板和以太网扩展背板 |
| 背板槽数量 | 12 |
| 尺寸（长×宽×高） | 601. 98 mm×141. 5 mm×147. 32 mm |
| 连接器类型 | 开关 |
| 使用的内部电源 | 600 mA（DC 3. 3 V）；240 mA（DC 5 V） |

### 2. 电源模块（IC695PSD040）

RX3i 电源模块有四种：IC695PSA040、IC695PSD040、IC695PSA140 和 IC695PSD140，电源模块 IC695PSA040 外形如图 2-6 所示。

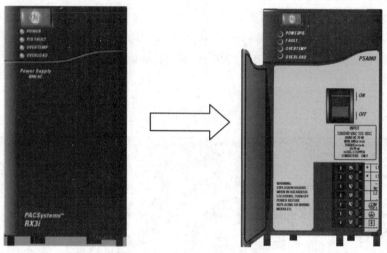

图 2-6　电源模块 IC695PSA040

电源模块 IC695PSD140 和 IC695PSD040 外形分别如图 2-7 和图 2-8 所示。

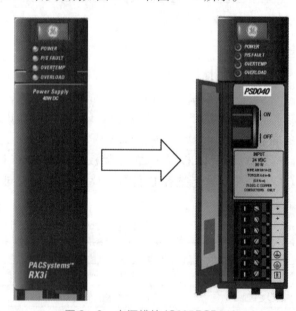

图 2-7　电源模块 IC695PSD140　　　　　图 2-8　电源模块 IC695PSD040

RX3i 的电源模块像 I/O 一样简单地插在背板上，并且能与任何标准型号 RX3i CPU 协同工作。每个电源模块具有自动电压适应功能，无须跳线选择不同的输入电压。电源模块具有限流功能，发生短路时，电源模块会自动关断来避免硬件损坏。RX3i 电源模块与 CPU 性能紧密结合能实现单机控制、失败安全和容错。其他的性能和安全特性还包括先进的诊断机制和内置智能开关熔丝，RX3i 电源性能如表 2-3 所示。

表2-3  RX3i 电源性能

| 项目 | IC695PSA040 | IC695PSD040 | IC695PSA140 | IC695PSD140 |
|---|---|---|---|---|
| 产品名称 | 电源，（同一底板上不能有一个以上电源） | 电源，（同一底板上不能有一个以上电源） | 多用途电源，支持多个多用途电源 | 多用途电源，支持多个多用途电源 |
| 占用槽位 | 2 | 1 | 2 | 1 |
| 电源 | AC 120 V/240 V、DC 125 V | DC 24 V | AC 120 V/240 V、DC 25 V | DC 24 V |
| 是否支持冗余和增加的容量 | 不支持 | 不支持 | 支持，一块通用底板上最多支持 4 个多用途电源 | 支持，一块通用底板上最多支持 4 个多用途电源 |
| 输出源 | 总功率 40 W | | | |
| 模块功能 | 通用底板电源 | | | |
| 背板支持 | 仅限于通用背板使用 PCI 总线 | | | |

DEMO 演示箱配置的电源模块订货号为 IC695PSD040，它占用一个槽。如果要求的模块数量超过了电源的负载能力，额外的模块就必须要安装在扩展或者远程背板上。电源的输入电压范围是 DC 18～39 V，提供 40 W 的输出功率。电源模块 IC695PSD040 的性能参数如表 2-4 所示。

表2-4  电源模块 IC695PSD040 技术参数

| 模块 | IC695PSD040 |
|---|---|
| 产品名称 | 电源 DC 24 V |
| 模块类型 | 通用底板电源 |
| 背板支持 | 仅限于通用背板使用 PCI 总线 |
| 电源 | DC 24 V |
| 冗余和增加容量 | 不支持 |
| 输出源 | 总功率 40 W；3.3 V 和 5 V 情况下最大 30 W；24 V 情况下 40 W |

通用电源（IC695PSD040）除了通用背板上最右边的插槽外，可以安装在通用背板上其他任何插槽。

**注意：**

对于所有电源，如果用同一个电源给系统的两个或者更多的电源模块供电时，连接时确保每个电源的极性一致，否则产生的不同电位会导致人员和设备的损伤。此外，每个背板必须连接到一个公用的系统接地。通用电源（IC695PSD040）端子接线如图 2-9 所示。

当电源模块发生内部故障时将会有指示，CPU 可以检测到电源丢失或记录相应的错误代码。电源模块上的四个功能指示灯的简要说明如表 2-5 所示。

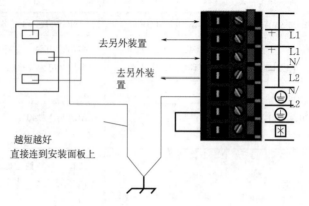

图 2 – 9　IC695PSD040 电源接线端子

表 2 – 5　IC695PSD040 功能指示灯说明表

| 指示灯<br>功能 | 绿色 | 琥珀黄 | 红色 |
|---|---|---|---|
| 电源 | 电源模块给背板供电 | 电源已加到电源模块上，但电源模块上的开关是关的 | — |
| P/S 故障 | — | — | 电源模块存在故障并且不能提供足够的电压给背板 |
| 温度过高 | — | 电源模块接近或者超过了最高工作温度 | — |
| 过载 | — | 电源模块至少有一个输出接近或超过最大输出功率 | — |

**注意：**

ON/OFF 开关位于模块前面门的后面，开关控制电源模块的输出，它不能切断模块的输入电源。紧靠开关旁边突出的部分帮助防止意外打开或关闭开关。

## 3. CPU 模块（IC695CPU315）

PACSystems RX3iCPU 模块，DEMO 演示箱配置的 CPU 模块订货号为 IC695CPU315 模块，如图 2 – 10 所示。

GE 智能平台的 PACSystems 在高要求控制应用方面表现出色，而 CPU 315 将在性能上使用户实现更大跨越。PACSystems RX3i CPU 315 融合强大的 Intel 1GHz 处理器，具备令人满意速度和性能。支持 32KB 数字输入，32KB 数字输出、32KB 模拟输入、32KB 模拟输出。CPU 315 的高效性可减少机器周期时间并由此改善生产力。除性能提高外，CPU 315 还提供 20MB 用户内存，是此前的两倍，可满足高速处理和大容量数据存储的重要客户要求。

CPU 能够支持多种语言，包括：

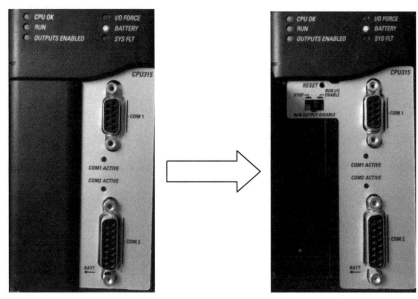

图2-10　CPU模块 IC695CPU315

（1）继电器梯形图语言。

（2）指令表语言。

（3）C编程语言。

（4）功能块图。

（5）Open Process。

（6）用户定义的功能块。

（7）结构化文本。

（8）SFC。

（9）符号编程。

RX3i CPU 有 2 个串行端子，即一个 RX-232 端口和一个 RS-485 端口，它们支持无中断的 SNP 串行读/写和 Modbus 协议。

具有一个三挡位置的转换开关：运行、禁止、停止。有一个内置的热敏传感器。CPU 模块（IC695CPU315）性能参数如表2-6所示。

表2-6　CPU模块（IC695CPU315）技术参数

| 模块 | IC695CPU315 |
| --- | --- |
| 产品名称 | PACSystems RX3i CPU |
| 模块类型 | 控制器 |
| 处理器/时钟速度 | Intel 1 GHz CPU |
| 存储器类型 | RAM，Flash |
| 用户存储器 | 10 MB 用户编程内存，10 MB 闪存（用于程序永久存储），CPU 支持中文变量名、中文注释下载和安装，CPU 支持文档存储 |

续上表

| 模块 | IC695CPU315 |
|------|-------------|
| 寄存器 | 5MB |
| 离散量 | 32KB DI，32KB DO |
| 模拟量 | 32KB AI，32KB AO |
| 背板 PCI 总线速率 | 27 MB = 216 Mbit/s |
| 最大 IEC 1131 - 3 编程存储 | 支持最多 512 个程序块，每个程序块最大为 128KB |
| 支持多种现场总线 | Profinet、Genius、Profibus DP 、DeviceNet 等 |
| 支持工业以太网 | SRTP TCP/IP、EGD、MODBUS TCP/IP |
| 以太网远程 I/O | 支持 |
| 内嵌温度保护 | 有 |
| 串行（RS - 232/485）接口 | 2 个接口，SNP、Modbus、可自定义协议 |
| 电源冗余 | 支持 |
| 热插拔模块 | 支持 |

### 4. 以太网通信模块（IC695ETM001）

PACSystems RX3i 以太网通信模块，DEMO 演示箱中配置的以太网通信模块订货号为 IC695ETM001，用来连接 PAC 系统 RX3i 控制器至以太网，其外形如图 2 - 11 所示。

以太网接口模块提供与其他 PLC，运行主机通信工具包或编程器软件的主机，和运行 TCP/IP 版本编程软件的计算机的连接。以太网通信模块 IC695ETM001 性能参数如表 2 - 7 所示。

表 2 -7   以太网通信模块 IC695ETM001 技术参数

| 模块 | IC695ETM001 |
|------|-------------|
| 产品名称 | PACSystems RX3i 以太网接口模块，TCP/IP 10/100 Mbit/s 两个 RJ - 45 端口，内置交换机 |
| 模块类型 | 以太网接口模块 |
| 支持的协议 | SRT、EGD、Modbus TCP、通道 |
| 实体类型 | 客户端/服务器 |
| 总线速度 | 10/100 Mbit/s |
| 总线诊断 | 有 |
| 支持的 drop 的数量 | 取决于网络 |
| 使用的内部电源 | 840 mA（DC 3.3 V）；614 mA（DC 5 V） |

以太网模块上有七个指示灯，部分功能说明如表2-8。

表2-8　IC695ETM001模块功能指示灯说明表

| 名称 | 功　能 |
| --- | --- |
| Ethernet OK 指示灯 | 指示该模块是否能执行正常工作。该指示灯开状态表明设备处于正常工作状态，如果指示灯处于闪烁状态，则代表设备处于其他状态。假如设备硬件或者是运行时有错误发生，Ethernet OK 指示灯闪烁次数表示两位错误代码 |
| LAN OK 指示灯 | 指示是否连接以太网络。该指示灯处于闪烁状态，表明以太网接口正在直接从以太网接收数据或发送数据。如果指示灯一直处于亮状态，这时以太网接口正在激活地访问以太网，但以太网物理接口处于可运行状态，并且一个或者两个以太网端口都处于工作状态。其他情况 LED 均为熄灭，除非正在进行软件下载 |
| Log Empty 指示灯 | 正常运行状态下呈亮状态，如果有事件被记录，指示灯呈"熄灭"状态 |
| 以太网激活指示灯（LINK） | 指示网络连接状况和激活状态 |
| 以太网速率指示灯（100Mbit/s） | 指示网络数据传输速率［10 Mbit/s（熄灭）或者 100 Mbit/s（亮）］ |

### 5. 输入模拟器模块（IC694ACC300）

PACSystems RX3i 输入模拟器模块，DEMO 演示箱配置的输入模拟器模块订货号为 IC694ACC300，如图2-12所示。可以用来模拟16点的开关量输入模块的操作状态。输入模拟器模块可以用来代替实际的输入，直到程序或系统调试好。它在数字量输入模块前面的拨动开关可以模拟开关量输入设备的运行，开关处于 ON 位置时导致在输入状态表（%I）中产生一个逻辑1。单独的绿色发光二极管表明每个开关所处的 ON/OFF 位置。这个模块可以安装到 RX3i 系统的任何的 I/O 槽中。输入模拟器模块（IC694ACC300）的性能参数如表2-9所示。

图2-11　以太网通信模块 IC695ETM001　　　　图2-12　输入模拟器模块 IC694ACC300

表2-9　输入模拟器模块（IC694ACC300）技术参数

| 模块 | IC694ACC300 |
| --- | --- |
| 产品名称 | PACSystems RX3i 直流电源输入仿真模块 |
| 模块类型 | 输入模拟器 |
| 点数 | 16 |
| 响应时间/ms | 20 开/30 关 |
| 共地点数 | 16 |
| 连接器类型 | 开关 |
| 使用的内部电源 | 120 mA（DC 5 V） |

### 6. 开关量输入模块（IC694MDL660）

PACSystems RX3i 开关量输入模块，DEMO 演示箱配置的开关量输入模块的订货号为IC694MDL660，提供一组共用一个公共端的 16 个输入点，外形如图 2-13 所示。该模块既可以接成共阴回路又可以接成共阳回路，这样在硬件接线时就非常灵巧方便。

输入特性兼容宽范围的输入设备，例如按钮，限位开关，电子接近开关。电流输入一个输入点会在输入状态表（%I）中产生一个逻辑 1。现场设备可由外部电源供电。

在模块上方配置 16 个绿色的发光二极管灯指示着由输入 1 到 16 的开/关状态。标签上的蓝条表明 IC694MDL660 是低电压模块。这个模块可以安装到 RX3i 系统的任何的 I/O 槽中。开关量输入模块（IC694MDL660）的性能参数如表 2-10 所示。

表2-10　开关量输入模块（IC694MDL660）技术参数

| 模块 | IC694MDL660 |
| --- | --- |
| 产品名称 | PACSystems RX3i AC 电压输出模块，24 V DC 正/负逻辑、32 点输入 |
| 模块类型 | 离散输入 |
| 输入范围 | DC 0~30 V 或者 7 mA |
| 通道间隔 | N/A |
| 通道数 | 32 |
| 更新速率 | 0.5 ms、1.0 ms、2.0 ms、5 ms、10 ms、50 ms 和 100 ms，每个模块可以选择开启或者关闭 |
| 触发电压 | DC 11.5~30 V |
| 共地点数 | 8 |
| 连接器类型 | IC694TBBx32 或者 IC694TBSx32 |
| 使用的内部电源 | 300 mA（DC 5 V） |

### 7. 高速计数模块（IC695HSC304）

PACSystems RX3i 高速计数器模块，DEMO 演示箱配置的高速计数器模块的订货号为IC695HSC304，如图 2-14 所示。

图2－13　开关量输入模块 IC694MDL660　　　图2－14　高速计数模块 IC695HSC304

IC695HSC304 提供八个高速输入和七个高速输出，1～4 个计数器。高速计数器模块能够直接处理高达 1.5MHz 快速脉冲信号。高速计数模块（IC695HSC304）技术参数如表2－11 所示。

表2－11　高速计数模块（IC695HSC304）技术参数

| 模块 | IC695HSC304 |
| --- | --- |
| 产品名称 | PACSystems RX3i 高速计数器 |
| 模块类型 | 高速 I/O 处理（4 个高速计数器），模块支持高速计数，可编程限位开关、凸轮系统、输入中断和脉冲宽度正时 |
| 计数器操作 | A 型、B 型、C 型、D 型、E 型、Z 型和用户自定义型 |
| 输入滤波 | 30 Hz、5 kHz、50 kHz、500 kHz、5 MHz |
| 计数速率 | 高频 1.5 MHz（内置 2 MHz 晶振） |
| 计数器范围 | －2 147 483 648～2 147 483 648 |
| 可选 On/Off 设置 | 每个计数器都有 4 个实时值，On/Off |
| 每个时基的计数值 | 可以为每个计数器选择 100 μs 至 429，496 ms 的时基 |
| 选通寄存器 | 每个计数器都有一个或者多个寄存器，在最后一次模块配置中所选通道上发生选通脉冲输入时，该寄存器会捕捉累加器的值 |
| 本地快速输入 | 8 个输入通道。5V DC 标称范围：4.7～5.5 V；12～24 V 标称范围：10～26.4 V；输入会映射到任意一计数器或者作为中断输入控制器 |
| 本地快速输出 | 7 个输出通道。4.7～40 V DC，每条通道最大 1.5 A，整块模块 10.5 A；输出可以作为计数器或者来自控制器的标准输出 |
| 连接器类型 | IC694TBBx32 或者 IC694TBSx32 |
| 使用的内部电源 | 64 mA 最大（5 V）；457 mA 最大（3.3 V） |

### 8. 模拟量输入模块（IC695ALG600）

PACSystems RX3i 模拟量输入模块，DEMO 演示箱配置的模拟量输入模块的订货号为 IC695ALG600，如图 2 - 15 所示。

通用模拟量输入模块是第一个工作在高速 RX3i PCI 总线上的 I/O 模块。通用模拟量模块可以用来代替第三方模块，如热电偶、应变计、RTD、电压和电流模块。提供 8 通道通用模拟量输入模块，模拟量输入模块使用户能在每个通道的基础上配置电压、热电偶、电流、RTD 和电阻输入。通用模拟量模块 IC695ALG600 提供 8 个通用的模拟量输入通道和 2 个冷端温度补偿（CJC）通道。输入端分成两个相同的组，每组有四个通道。通过使用 ME 的软件，用户能在每个通道上配置电流、电压、热电偶、热电阻和电阻输入类型。模拟量输入模块（IC695ALG600）技术参数如表 2 - 12 所示。

表 2 - 12  模拟量输入模块（IC695ALG600）技术参数

| 模块 | IC695ALG600 |
| --- | --- |
| 产品名称 | PACSystems RX3i 模拟量输入，每个通道可配置电流、电压、热电偶、热电阻和电阻 |
| 模块类型 | 通用型模拟量输入 |
| 范围 | 电压：+50 mV、+150 mV、0 ~ 5 V、1 ~ 5 V、0 ~ 10 V、+10 V；<br>电流：0 ~ 20 mA、4 ~ 20 mA、+20 mA；<br>热电偶输入：B、C、E、J、K、N、R、S、T；<br>RTD 输入 PT 385/3916、N618/672NiFe 518、CU 426；<br>电阻输入：0 ~ 250 Ω/500 Ω/1000 Ω/2000 Ω/3000 Ω/4000 Ω |
| 通道间隔 | 2 组，每组 4 个 |
| 通道数 | 8 |
| 更新速率 | 每个通道 10 ms；1 kHz 滤波器，每个通道 127 ms；禁用的通道不被扫描，缩短扫描时间 |
| 分辨率 | 11 ~ 16 位，视配置的范围以及 A/D 滤波器频率而定 |
| 精确度 | 25℃情况下为标定精度，小于量程的 0.1%。取决于周边温度、A/D 滤波器。数据格式和噪声 |
| 输入阻抗 | 249 ×（1 +1%）Hz |
| 输入滤波器响应 | 可配置 8 Hz、12 Hz、16 Hz、40 Hz、200 Hz、1000 Hz |
| 诊断 | 电线开路、电路短路、正负变化率、高、高高、低、低低 |
| 本地快速输出 | 7 个输出通道。4.7 ~ 40 V DC，每条通道最大 1.5 A，整块模块 10.5 A；输出可以作为计数器或者来自控制器的标准输出 |
| 连接器类型 | IC694TBBx32 或者 IC694TBSx32 |
| 使用的内部电源 | 400 mA（5 V）；350 mA（3.3 V） |

### 9. 模拟量输出模块（IC695ALG704）

PACSystems RX3i 模拟量输出模块，DEMO 演示箱配置的模拟量输出模块的订货号为 IC695ALG704，如图 2 - 16 所示。此模块为八点的 AO 模块。模拟量输出模块用于将 CPU 传送给它的数字信号转换为成比例的电流信号或电压信号，对执行机构进行调节或控制，其主要组成部分是 D/A 转换器。模块为负载和执行器提供电流和电压，模拟信号应使用电缆或双绞线来传送。模拟量输出模块（IC695ALG704）技术参数如表 2 - 13 所示。

图 2 - 15　模拟量输入模块 IC695ALG600　　　图 2 - 16　模拟量输出模块 IC695ALG704

表 2 - 13　模拟量输出模块（IC695ALG704）技术参数

| 模块 | IC695ALG704 |
| --- | --- |
| 产品名称 | PACSystems RX3i 模拟量输出，可配置为电流或者电压 |
| 模块类型 | 模拟量输出 |
| 范围 | 电流：0～20 mA，4～20 mA；电压：±10 V，0～10 V |
| 通道间隔 | N/A |
| 通道数 | 4 |
| 更新速率 | 8 ms |
| 分辨率 | ±10V：15.9 位；0～10V：14.9 位；0～20 mA：15.9 位；4～20 mA：15.6 位 |
| 精确度 | 25℃的情况下小于量程的 0.15%；60℃下小于量程的 0.3% |
| 最大输出负载 | 最大电流时：-850 Ω，Vuser = 20 V；最大电压时：-2 kΩ |
| 输出负载电容 | 最大电流时：10 μF；最大电压时：1 μF |
| 连接器类型 | IC694TBBx32 或者 IC694TBSx32 |
| 使用的内部电源 | 375 mA（3.3 V）；160 mA（24 V） |

### 10. 开关量输出模块（IC694MDL754）

PACSystems RX3i 开关量输出模块，DEMO 演示箱配置的开关量输出模块的订货号为 IC694MDL754，如图 2-17 所示。提供两组（每组 16 个）共 32 个输出点，每组有一个共用的电源输出端。这种输出模块具有正逻辑特性；它向负载提供的源电流来自用户共用端或者到正电源总线。输出装置连接在负电源总线和输出点之间。这种模块的输出特性兼容很广的负载，例如：电动机、接触器、继电器，BCD 显示和指示灯。每个输出端用标有序号的发光二极管显示其工作状态（On/Off），这个模块上没有熔断器。开关量输出模块（IC694MDL754）技术参数如表表 2-14 所示。

表 2-14 开关量输出模块 IC694MDL754 技术参数

| 模块 | IC694MDL754 |
| --- | --- |
| 产品名称 | PACSystems RX3i AC 电压输出模块，AC 120 V/240 V 正逻辑，具有自恢复功能，0.75 A，32 点输出 |
| 模块类型 | 离散输出 |
| 范围 | DC 12~24 V |
| 通道间隔 | N/A |
| 通道数 | 32 |
| 更新速率 | 0.5 ms |
| 每点负载电流 | 0.75 A |
| 输出类型 | 晶体管 |
| 极性 | 正 |
| 共地点数 | 16 |
| 连接器类型 | IC694TBBx32 或者 IC694TBSx32 |
| 使用的内部电源 | 300 mA（DC 5 V） |

### 11. 串行模块（IC695CMM002）

串行模块（IC695CMM002）外形如图 2-18 所示，有两个独立串行端口，其性能参数如表 2-15 所示。

表 2-15 串行模块（IC695CMM002）技术参数

| 模块 | IC695CMM002 |
| --- | --- |
| 产品名称 | PACSystems RX3i 两端口串行模块 |
| 模块类型 | 串行通信，两个隔离串口 |
| 支持的协议 | 主/从的串行读写操作，Modbus 主/从，DNP3.0 从 CCM |
| 程序存储 | 闪存 |
| 通信口 | 隔离的 RS-232，RS-485/422 |
| 网络数据传输速率 | 1200bit/s、2400bit/s、4800bit/s、9600bit/s、19.2kbit/s、38.4kbit/s、57.6kbit/s、115.2kbit/s |
| 使用的内部电源 | 115 mA（DC 5 V） |

## 12. 高速串行总线传输模块

PACSystems RX3i 串行总线传输模块，DEMO 演示箱配置的串行总线传输模块的订货号为 IC695LRE001，如图 2 – 19 所示。该模块主要用于 PACSystems RX3i 的串行扩展，提供通用背板和串行扩展背板/远程背板之间的通信，把通用背板信号转换成串行扩展背板所需要的信号。它只能固定安装在第 12 个槽上。高速串行总线传输模块（IC695LRE001）技术参数如表 2 – 16 所示。

图 2 – 17　IC694MDL754 模块　　　图 2 – 18　IC695CMM002 模块　　　图 2 – 19　IC695LRE001 模块

表 2 – 16　高速串行扩展模块 IC695LRE001 技术参数

| 模块 | IC695LRE001 |
|---|---|
| 产品名称 | PACSystems RX3i 扩展模块 |
| 模块类型 | 高速串行扩展模块 |
| 网络传输速率 | 1 Mbit/s |
| 程序存储 | 闪存 |
| 网络距离 | 700 英尺（213 m） |
| 支持背板数 | 最多 7 个本地扩展背板；离散量：320DI&320DO 模拟量：160AI&80AO |
| 使用的内部电源 | 132 mA（DC 5 V） |

**能力实训**

对照准北美 PAC 培训系统 DEMO 演示箱，分别写出硬件模块对应的名称，订货号功能。能力实训记录表如表 2 – 17 所示。

表 2－17　标准 PAC 培训系统 DEMO 演示箱中 PACSystems RX3i 系统硬件组成

| 序号 | 模块名称 | 订货号 | 模块功能 | 完成情况 |
|---|---|---|---|---|
| 1 | | | | |
| 2 | | | | |
| 3 | | | | |
| 4 | | | | |
| 5 | | | | |
| 6 | | | | |
| 7 | | | | |
| 8 | | | | |
| 9 | | | | |
| 10 | | | | |
| 11 | | | | |
| 12 | | | | |

**拓展提高**

### 1. RX3i 通用背板尺寸和间距

RX3i 通用背板尺寸和间距详细说明如图 2－20 所示。

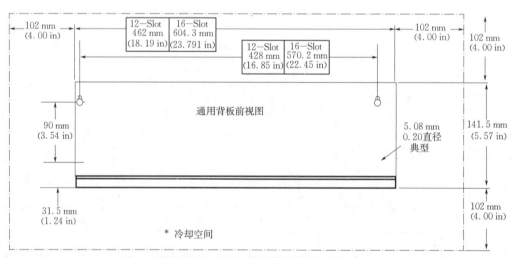

图 2－20　RX3i 通用背板尺寸和间距

### 2. RX3i 串行扩展背板

RX3i 串行扩展背板最左边的模块必须是串行扩展电源。

（1）IC694PWR321：串行扩展电源，AC 120 V/240 V，DC 125 V。

（2）IC694PWR330：串行扩展电源，AC 120 V/240 V，DC 125 V。

（3）IC694PWR331：串行扩展电源，DC 24 V。

在扩展背板中模块的热拔插是不允许的。

每个扩展模块都有一个机架号选择 DIP 开关，它必须在模块安装之前设置。每个扩展背板的右侧末端都有一个用于连接可选扩展电缆的总线扩展连接器。扩展背板与通用背板互连的电缆不超过 50 英尺（15 m）。RX3i 串行扩展背板示意图如图 2-21 所示。

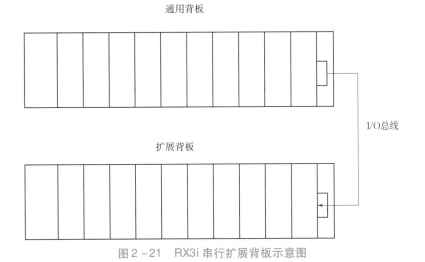

图 2-21　RX3i 串行扩展背板示意图

### 3. 色标线

美国的工业设备生产商广泛采用这种彩色编号（色标）。除了安全规范的要求，色标线还可以使调试和故障排除更加安全，高效并且容易。

（1）地线为绿色或者绿色条纹。

（2）相线（火线）为黑色。

（3）中性线（零线）为白色。

（4）直流 24 V 为蓝色。

### 4. 热插拔

通用背板上的模块除 CPU 模块之外，均可以在系统通电的情况下热插拔。这包括背板电源和供给模块的现场电源。需要注意的是模块必须合理地插入插槽，所有的插脚必须在 2 s 内和卡锁连接。移除时，模块必须在 2 s 内和插槽完全分离。在插入和移除过程中，模块不能处于部分插入的状态。插入和移除模块至少要有 2 s 的时间间隔。

**思考练习**

（1）标准 PAC 培训系统 DEMO 演示箱上的硬件由几部分组成？

（2）GEPAC 硬件产品是怎么命名的？各部分表示的含义是什么？

（3）简要概述 PACSystems RX3i 各个硬件模块的名称、作用和功能。

# 任务 ② Proficy Machine Edition 软件安装、授权与卸载

**任务目标**

- 能够正确安装 Proficy Machine Edition 软件。
- 能够完成 Proficy Machine Edition 软件授权。
- 能够完成 Proficy Machine Edition 软件的卸载。

**任务描述**

Proficy Machine Edition 软件是 GE 智能平台上位机编程软件，本任务以 Proficy Machine Edition 7.5 为例进行介绍。

在进行软件安装前要了解该软件对计算机的硬件和软件环境的要求，在满足要求的计算机上进行软件的安装，软件授权，以及在不需要软件系统时对软件进行卸载。

只有成功安装软件和对软件进行授权之后，才能使用 Proficy Machine Edition 软件进行后续任务的编程。

**任务分析**

在安装一款编程软件时，首先要看查阅安装的软件对计算机的硬件要求，以及软件环境的要求等。在符合要求的计算机上进行软件的安装。在安装过程有一些注意事项，按照任务示范的步骤可以完成软件安装、软件授权以及软件卸载。为了学生使用方便，我们选择安装临时授权文件，临时授权文件的使用期限是 4 天，也就是说每隔 4 天重新安装一次就可以再次使用，正式授权的安装相对复杂一下，在拓展提高中有详细的安装步骤。

**相关知识**

1. Proficy Machine Edition 概述

GE 公司的 Proficy Machine Edition（简称 PME 或 ME）是一个高级的软件开发环境和机器层面自动化维护环境。它能由一个编程人员实现人机界面、运动控制和执行逻辑的开发。

GEFanuc 的 Proficy Machine Edition 是一个适用于人机界面开发、运动控制及控制应用的通用开发环境，如图 2-22 所示。

图 2-22 Proficy Machine Edition 软件界面

Proficy Machine Edition 提供一个统一的用户界面，全程拖放的编辑功能，以及支持项目需要的多目标组件的编辑功能。支持快速、强有力、面向对象的编程，Proficy Machine Edition 充分利用了工业标准技术的优势，如 XML、COM/DCOM、OPC 和 ActiveX。Proficy Machine Edition 也包括了基于网络的功能，如它的嵌入式网络服务器，可以将实时数据传输给企业里任意一个人。Proficy Machine Edition 内部的所有组件和应用程序都共享一个单一的工作平台和工具箱。一个标准化的用户界面会减少学习时间，而且新应用程序的集成不包括对附加规范的学习。

2. Proficy Machine Edition 包括的组件

（1）Proficy 人机界面。它是一个专门设计用于全范围的机器级别操作界面/HMI 应用的 HMI。包括对下列运行选项的支持：

①QuickPanel。

②QuickPanel View（基于 Windows CE）。

③Windows NT/2000/XP。

（2）Proficy 逻辑开发器——PC。PC 控制软件组合了易于使用的特点和快速应用开发的功能。包括对下列运行选项的支持：

①QuickPanel Control（基于 Windows CE）。

②Windows NT/2000/XP。

③嵌入式 NT。

（3）Proficy 逻辑开发器——PLC。可对所有 GE 的 PLC，PAC Systems 控制器和远程 I/O 进行编程和配置。在 Professional、Standard 及 Nano/Micro 版本中可选。

（4）Proficy 运动控制开发器。可对所有 GE 的 S2K 运动控制器进行编程和配置。

### 3. Proficy Machine Edition 软件安装要求

为了更好地使用 Proficy Machine Edition 软件（以 Proficy Machine Edition 7.5 为例），编程计算机需要满足下列条件。

（1）硬件需要：

①主频 1 GHz 以上的计算机。

②内存 1 GB，最好 2 GB。

③支持 TCP/IP 网络协议。

④150 ~ 750 MB 硬盘空间。

⑤200 MB 硬盘空间用于安装演示工程（可选）。

另外需要一定的硬盘空间用于创建工程文件和临时文件。

（2）软件需要：

①Windows XP Professional SP2 或者 SP3。

②Internet Explorer 5.5 with Service Pack 2 或更新。

### 任务示范

### 1. 软件安装

（1）操作系统选择 Windows XP，不推荐在 Windows 7 及以上版本安装。

（2）将 Proficy Machine Edition 7.5 光盘插入 CD – ROM 驱动器。

通常安装程序会自动启动，如果安装程序没有自动启动，也可以通过直接运行在光盘根目录下的 Setup. exe 来启动，在弹出的 Proficy Machine Edition 7.5 软件安装界面中，左侧蓝色按钮显示安装信息，选择最上面的蓝色按钮，单击"安装 Machine Edition"按钮，如图 2 – 23 所示。

图 2 – 23　Proficy Machine Edition 7.5 安装界面

弹出安装向导对话框，要求安装必需的项目，单击"安装"按钮，如图2-24所示。

正在准备安装，等待大约3分钟，如图2-25所示。

图2-24 安装必需的项目

图2-25 正在准备安装

在计算机上安装 Proficy Machine Edition，单击"下一步"按钮，如图2-26所示。

阅读许可协议，选择"我接受授权协议条款"单选按钮，单击"下一步"按钮，如图2-27所示。

图2-26 配置专家

图2-27 许可协议

安装项目和安装路径对话框中，都选择默认安装，单击"下一步"按钮，如图2-28所示。

准备开始安装程序，单击"安装"按钮，如图2-29所示。

图2-28 安装项目和安装路径选择

图2-29 准备安装程序

安装过程需要 3 ~ 4 分钟，等待安装完成，如图 2 - 30 所示。

完成 Proficy Machine Edition 的安装，单击"完成"按钮，退出安装程序，如图 2 - 31 所示。

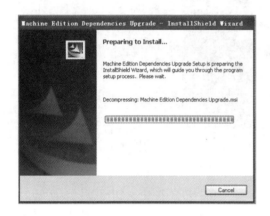 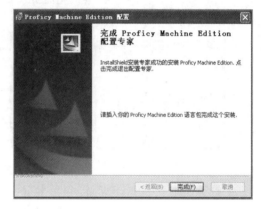

图 2 - 30　安装过程　　　　　　　　　　　　　图 2 - 31　完成安装

当完成 Proficy Machine Edition 的安装之后，弹出产品授权对话框，提示安装授权，单击"No"按钮，你仅拥有 4 天的使用权限。若你已经拥有产品授权，单击"Yes"按钮，将硬件授权硬件插入电脑的 USB 接口，就可以在授权时间内使用 Proficy Machine Edition 软件。我们选择稍后安装授权，单击"No"按钮，如图 2 - 32 所示。

安装完成之后，要重新启动计算机才能使 Proficy Machine Edition 生效，单击"Yes"按钮，立即重新启动计算机，安装完成，如图 2 - 33 所示。

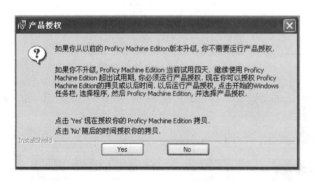 

图 2 - 32　产品授权　　　　　　　　　　　　图 2 - 33　系统重启提示对话框

### 2. 软件授权

为了使用的方便，我们使用 GE 公司提供的临时授权，期限为 4 天，打开"我的电脑"，找到 E 盘下培训文件夹中的临时授权文件"GE.exe"，如图 2 - 34 所示。

双击"GE.exe"，出现授权安装过程界面，闪一下就自动关闭了，如图2 - 35 所示。

打开 Proficy Machine Edition 7.5，新建一个工程项目时，弹出授权被激活对话框，提示试用期授权可以使用 4 天，单击"确定"按钮，临时授权对话框关闭，也就是说每隔 4 天双击一次"GE.exe"，就还可以继续使用 4 天的时间，如图 2 - 36 所示。

## 3. 软件卸载

当不需要 Proficy Machine Edition 软件时，为了节省计算机资源，我们要把 Proficy Machine Edition 软件进行卸载。单击"开始"按钮，选择"设置"→"控制面板"，在"控制面板"窗口中，双击"添加/删除程序"，如图 2–37 所示。

图 2–34　授权文件

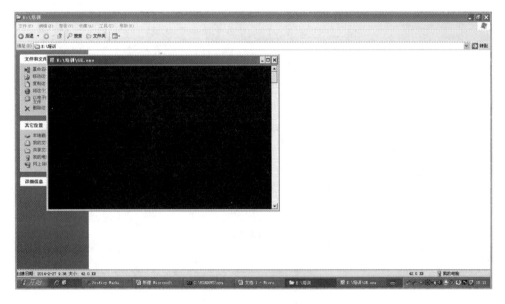

图 2–35　安装授权过程

图 2 - 36　授权时间提醒

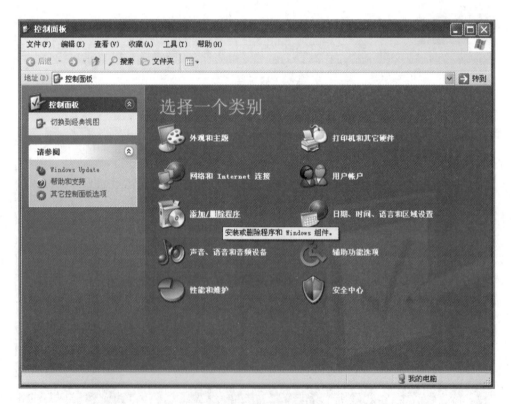

图 2 - 37 控制面板

在"添加或删除程序"窗口"当前安装的程序"列表中，选择 Proficy Machine Edition，单击"删除"按钮，如图 2 - 38 所示。

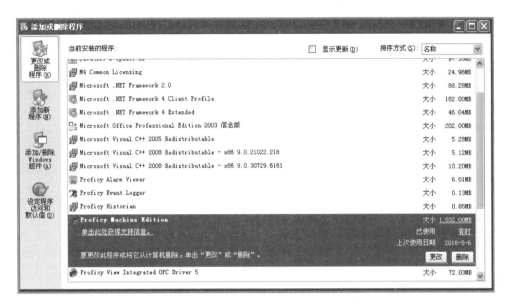

图2－38　"添加或删除程序"窗口

在弹出的对话框中，提示要想完成删除程序，必须重新启动系统，单击"确定"按钮，重新启动计算机，如图2－39所示。

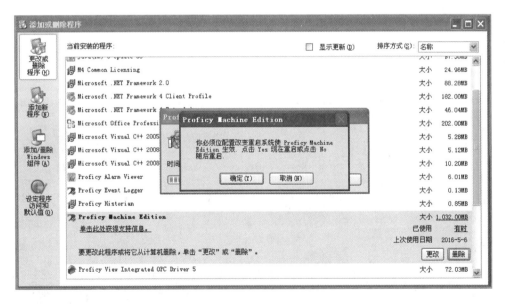

图2－39　提示重新启动系统

**能力实训**

Proficy Machine Edition软件安装、授权与卸载能力实训记录表如表2－18所示。

表 2-18　Proficy Machine Edition 软件安装、授权与卸载能力实训

| 序号 | 实训技能点 | 完成情况 | 备注 |
|---|---|---|---|
| 1 | 在 Windows XP 操作系统环境下是否正确完 Proficy Machine Edition 7.5 软件安装 | | |
| 2 | 安装临时授权文件 | | |
| 3 | 是否能够完成 Proficy Machine Edition 7.5 软件的卸载 | | |

拓展提高

## 1. 安装正式版本授权

需要安装正式授权的时候，把"授权加密狗"插到计算机的 USB 接口中，GE 的"授权加密狗"如图 2-40 所示。上面显示授权的序列号，大学计划的授权。

图 2-40　GE 的授权加密狗

选择"开始"→"程序"→"Proficy"→"Proficy Machine Edition"→"产品授权"命令，如图 2-41 所示。

图 2-41　进行产品授权

在产权授权对话框中，没有授权文件，如图2-42所示。

当插入加密狗的时候，单击"Show Hardware Keys（显示硬件授权）"，在"Product（产品）"下面会出现显示硬件狗的信息，如图2-43所示。

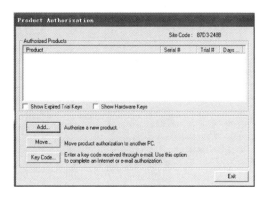

图2-42　没有授权狗的信息

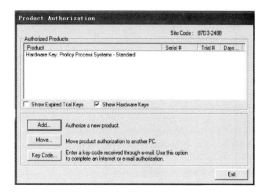

图2-43　硬件狗信息显示

选择"开始"→"程序"→"Proficy Common"→"License Viewer"，如图2-44所示。

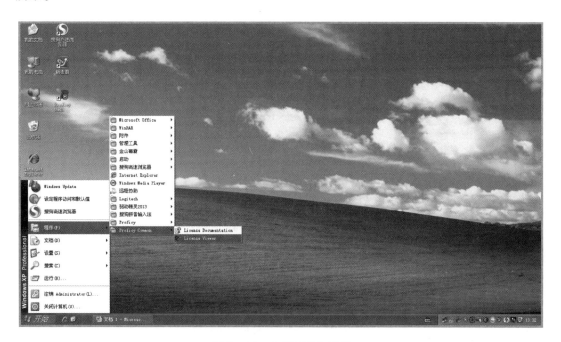

图2-44　打开授权查看器

没有插入加密狗时，授权许可查看器里面的信息是空白的，如图2-45所示。

当插入加密狗之后，打开授权查看器有 GE 大学计划各个软件产品的详细授权信息，第一行显示"客户服务号：客户名称"；第二行显示"授权序列号"；第三行显示"授权到期时间"。下面显示软件功能的授权信息，如图2-46所示。

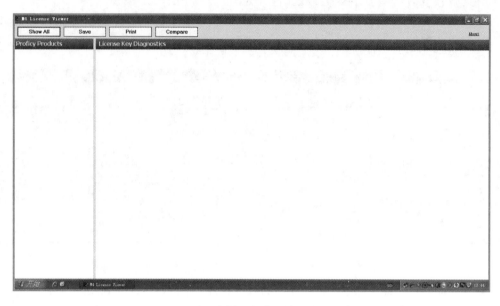

图 2-45　没有插入加密狗的授权查看器

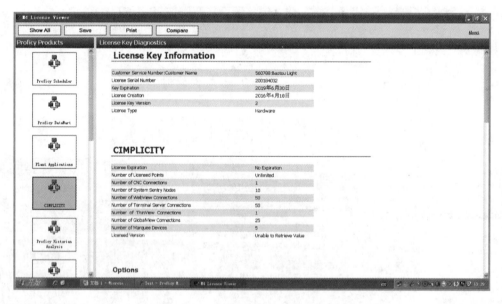

图 2-46　有加密狗的授权查看器

## 2. 临时授权文件到期或者没有安装临时授权文件

当启动 Proficy Machine Edition 7.5 的时候，如果出现图 2-47 所示的对话框，则提示没有安装授权，单击"否"按钮，找到" GE.exe"并双击即可。

当出现图 2-48 所示的对话框，则提示授权已经到期，需重新安装授权，单击"否"按钮，找到" GE.exe"并双击即可。

图2-47 没有授权

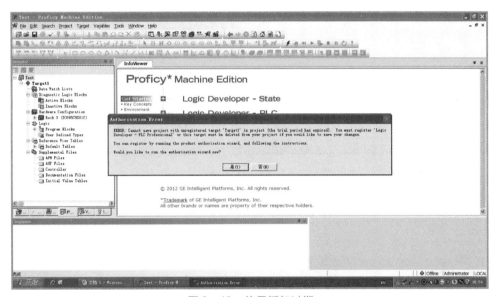

图2-48 使用授权过期

思考练习

（1）Proficy Machine Edition 7.5 软件安装的硬件要求是什么？

（2）Proficy Machine Edition 7.5 软件安装的软件环境要求是什么？

（3）如何安装 Proficy Machine Edition 7.5 软件临时授权？

（4）如何从计算机上卸载 Proficy Machine Edition 7.5 软件？

（5）Proficy Machine Edition 包括哪些组件？

# 任务 ③

## Proficy Machine Edition 软件的使用

### 任务目标

- 能够打开 Proficy Machine Edition 软件。
- 掌握 Proficy Machine Edition 软件编辑器环境的使用。
- 能够利用 Proficy Machine Edition 软件创建项目。

### 任务描述

打开 Proficy Machine Edition 7.5 软件，新建一个工程项目，输入项目名称之后，要选择合适的项目类型。

在 Proficy Machine Edition 7.5 软件编辑环境中，掌握菜单栏，工具栏，导航视图等的应用。

熟练掌握 Proficy Machine Edition 7.5 软件编辑功能，为后续软件编辑奠定基础。

### 任务分析

Proficy Machine Edition 7.5 软件是英文的操作界面，但是它和大多数 Windows 应用程序有类似的风格，这样可以使初学者有一个熟悉的环境，掌握几个简单的英文单词就可以进行软件的使用。

### 相关知识

Proficy Machine Edition 软件使用说明：

Proficy Machine Edition 是一个包含若干软件产品的环境。其中每个软件产品都是独立的。但是，每个产品在相同的环境运行。这与 Office 办公软件包十分相似。每个程序能够单独运行，但是它们都具有共同的视觉和感觉界面，支持 PME 后台的概念是完全相同的。一旦你学会了在此种环境中浏览，今后要学会一种使用这种环境的新产品就变得非常简单。

**任务示范**

### 1. 打开 Proficy Machine Edition 7.5 软件

双击桌面上的 Proficy Machine Edition 7.5 快捷图标[ ]，打开软件，如图2-49所示。

图2-49 启动 Proficy Machine Edition 7.5

在弹出的"Environment Themes（环境主题）"对话框中，保持默认选项"Logic and View Development（逻辑与视图开发）"单击"OK"按钮，如图2-50所示。

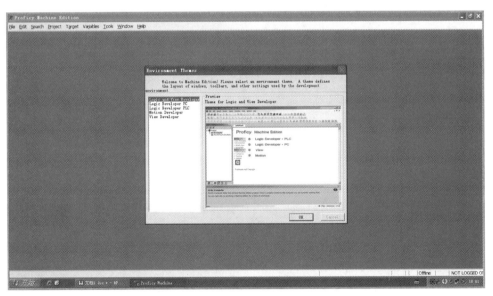

图2-50 环境主题

在弹出的"Machine Edition（机器编辑器）"对话框中，提示创建一个项目是选择空的工程还是选择模板，这里既不选"空工程"也不选择"模板"，单击"Cancel（取消）"按钮，如图2-51所示。

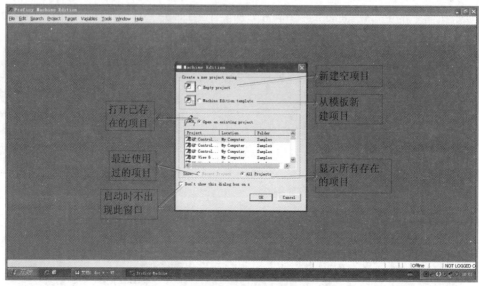

图2-51　机器编辑器

Proficy Machine Edition 7.5软件的基本界面，它和大多数Windows应用程序有类似的风格，最上面的是标题栏，标题栏下面是菜单栏，菜单栏下面是工具栏，视图分左右两部分，左侧部分是导航视图，导航视图里有几个标签选项，选择不同的标签，显示内容不同，右侧是详细信息显示视图，如图2-52所示。

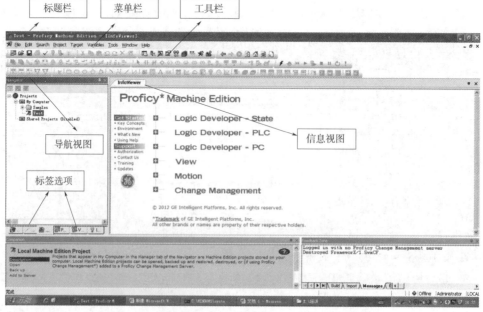

图2-52　Proficy Machine Edition 7.5软件基本界面

## 2. 新建项目

单击菜单栏"File（文件）"，在弹出的对话框中，选择"New Project（新建项目）"命令，如图2-53所示。

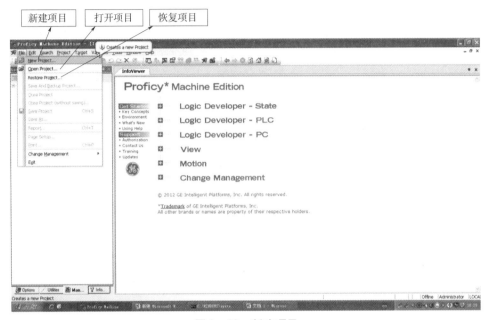

图2-53 新建项目

弹出"New Project（新建项目）"对话框，在第一个"Project"对应的输入框中输入新建项目的名称"Test（测试）"，不要输入汉字，最好是英文名称或英文字母和数字的组合或拼音字母的组合，这样有便于记忆，如图2-54所示。

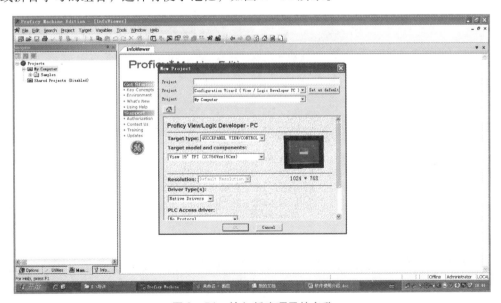

图2-54 输入新建项目的名称

单击第二个"Project"对应的下拉按钮 ▼ ，在下拉列表中选择"GEIntelligent Plat-forms PACSystems RX3i（GE 智能平台 PAC RX3i）"，如图 2 - 55 所示。

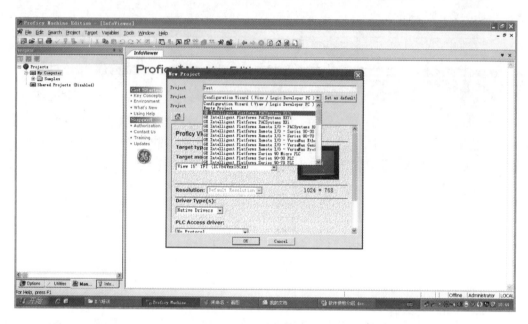

图 2 - 55　选择项目类型

选择完项目类型之后，下面显示新建项目类型的概略信息，查看概略信息中是否和你所建项目匹配，如图 2 - 56 所示。

图 2 - 56　新建项目类型的概略信息

确认无误后，单击"OK"按钮，弹出编辑界面，如图 2 - 57 所示。

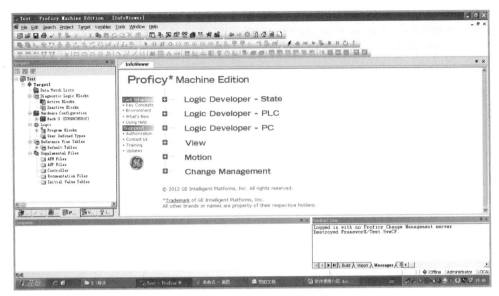

图2-57 编辑界面

### 3. 软件工具使用介绍

（1）浏览（Navigator）工具窗口。浏览（Navigator）工具的快捷图标是 ，是一个含有一组标签窗口的停放工具视窗，包含开发系统的信息和视图。可供使用的标签取决于安装哪一种 Machine Edition 产品以及要开发和管理哪一种工作。每个标签按照树形结构分层次地显示信息，类似于 Windows 资源管理器。

浏览器的顶部有3个按钮 ，利用它们可扩展的 PropertyColumns（属性栏）及时地查看和操作若干项属性。

属性栏呈现在浏览器 Variable List（变量表）标签的展开图中。通常，在检查窗口中能同时查看和编辑一个选项的属性。在浏览器的属性栏中可及时查看和修改几个选项的属性，与电子表格非常相似。通过浏览器窗口左上角的工具按钮，可以在浏览窗口中显示属性栏，在浏览窗口，并控制属性栏的打开和关闭。属性栏可呈现为表格形式，每个单元格显示一个特定变量的属性当前值。

（2）属性检查工具窗口。Inspector（属性窗口）的快捷图标是 ，列出已选择的对象或组件的属性和当前位置。可以直接在属性窗口中编辑这些属性。当选择了几个对象，属性窗口将列出公共属性。

属性窗口提供了对全部对象进行查看和设定属性的方便途径。为了打开属性窗口，执行以下各项中的一项操作：从工具菜单中选择 Inspector；单击工具栏的 ；从对象的快捷菜单中选择 Properties。

属性窗口的左边栏显示已选择对象的属性。可以在右边栏中进行编辑和查看设置。红色的属性值是有效的。黄色的属性值在技术上是有效的，但是可能产生问题。

（3）在线帮助窗口。Companion（在线帮助）的快捷图标是 ，提供有用的提示信息。当在线帮助打开时，它对 Machine Edition 环境中当前选择的任何对象提供帮助。它们可能是浏览窗口中的一个对象或文件夹、某种编辑器，或者是当前选择的属性窗口中的属性。

在线帮助内容往往简短。如果需要更详细的信息，请单击在线窗口右上角的 ⬤？ ，主要帮助系统的相关主题在信息浏览窗口中会打开。

有些在线帮助在左边栏中包含主题或程序标题的列表。单击一个标题可以获得持续的简短描述。

（4）反馈信息窗口。打开 Feedback Zone Window（反馈信息窗口）的快捷图标是 ▣ ，是一个用于显示 Machine Edition 产品生成的几种类型输出信息的停放窗口。这种交互式的窗口使用类别标签去组织产生的输出信息。关于特定标签的更多信息，选中标签并按【F1】键，在信息浏览窗口中显示有关选项的帮助。若要显示反馈信息窗口中以前的信息或者是程序编译后的错误信息，可按【Ctrl + Shift + F4】组合钮。

（5）数据监视工具窗口。打开 Data Watch Tool（数据监视工具）窗口的快捷图标是 ▣，它是一个调试工具，让你监视变量的数值。当在线操作一个对象时是一个很有用的工具。使用据监视工具，能够监视单个变量或用户定义的变量表。

（6）工具箱窗口。Toolchest（工具箱）的快捷图标是 ▣ ，它是功能强大的设计蓝图仓库，可以把它添加到项目中去，也可以把大多数项目从工具箱直接拖动到 Machine Edition 编辑器中。

（7）Machine Edition 编辑器窗口。开始操作编辑器窗口时，双击浏览窗口中的项目。当编辑梯形图逻辑时，编辑窗口就显示梯形逻辑程序的梯级。可以像操作其他工具一样，移动、停放、最小化和调整编辑窗口的大小。但是，某些编辑窗口不能够直接关闭。这些编辑窗口只有当关闭项目时才消失。可以将对象从编辑窗口拖入或拖出。允许的拖放操作取决于编辑器。例如，将一个变量拖动到梯形图逻辑编辑窗口中的一个输出线圈，就是把该变量分配给这个线圈。能够同时打开多个编辑窗口，可以用窗口菜单在窗口之间相互切换。完整的 Machine Edition 编辑器窗口如图 2 – 58 所示。

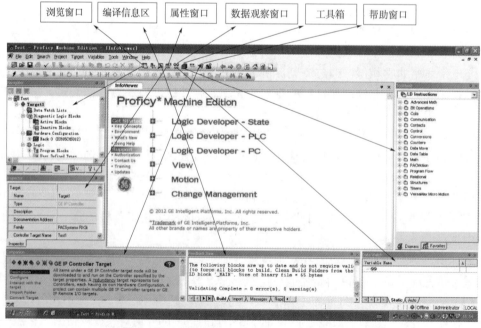

图 2 – 58　完整的 Machine Edition 编辑器窗口

**能力实训**

能够对 Proficy Machine Edition 软件编辑器环境进行熟练使用，详细技能点记录表如表2-19所示。

表2-19　Proficy Machine Edition 软件编辑器环境能力实训

| 序号 | 实训技能点 | 完成情况 | 备注 |
|---|---|---|---|
| 1 | 正确打开 Proficy Machine Edition 软件 | | |
| 2 | 输入正确的项目名称 | | |
| 3 | 选择正确的项目类型 | | |
| 4 | 在完整的 Proficy Machine Edition 窗口中找到浏览器窗口 | | |
| 5 | 在工具栏上找到的浏览器窗口快捷图标 | | |
| 6 | 在完整的 Proficy Machine Edition 窗口中找到编译信息区 | | |
| 7 | 在工具栏上找到的浏览器窗口快捷图标 | | |
| 8 | 在完整的 Proficy Machine Edition 窗口中找到属性窗口 | | |
| 9 | 在工具栏上找到属性窗口快捷图标 | | |
| 10 | 在完整的 Proficy Machine Edition 窗口中找到数据观察窗口 | | |
| 11 | 在工具栏上找到数据观察快捷图标 | | |
| 12 | 在工具栏上找到数据观察快捷图标 | | |
| 13 | 在完整的 Proficy Machine Edition 窗口中找到数据观察窗口 | | |
| 14 | 在工具栏上找到帮助窗口快捷图标 | | |
| 15 | 在完整的 Proficy Machine Edition 窗口中找到帮助窗口 | | |

**拓展提高**

1. 第一标签选项 Options（选项）

该标签包含控制器、编辑器、输入/输出、机器编辑器、工件等文件夹，每个文件夹里的内容将指定如何进行机器编辑的行为以及如何进行编辑操作，初学者对该标签选项用得很少。"Options（选项）"标签如图2-59所示。

2. 第二标签选项 Utilities（公共选项）

该标签包含数据监测、EGD 管理工具、设置临时 IP 地址等内容。最常用的就是设置临时 IP 地址，该选项在任务4中有详细介绍。"Utilities（公共选项）"标签如图2-60所示。

图 2-59　"Options（选项）"标签

图 2-60　"Utilities（公共选项）"标签

## 3. 第三标签选项 Manager（管理）

该标签选项中包含在计算机上已经新建的工程项目名称，当查看每个工程项目的具体信息时，双击该项目名称，就会切换到具体的工程项目中。Samples（示例）文件夹中包含安装在计算机中的示例和项目教程，可供学习者参考。"Manager（管理）"标签选项如图 2-61 所示。

## 4. 第四标签选项 Project（项目）

该标签选项包含所建工程项目的详细信息，是最常用的一个标签选项。包含数据监视

图2-61　"Manager（管理）"标签

列表、逻辑诊断块、硬件组态，以及程序、视图引用表和附加文件等。单击"Reference View Tables（视图引用表）"前面的"⊞"展开视图引用表，可以看到输入/输出地址的视图。单击"Hardware Configuration（硬件组态）"前面的"⊞"，可展开硬件组态详细列表。单击"Logic（逻辑）"前面的"⊞"，可展开逻辑程序列表，单击"Program Blocks（程序块）"前面的"⊞"，可展开程序中的所有块，包括 MAIN（主程序）以及其他的程序块。"Project（项目）"标签如图2-62所示。

图2-62　"Project（项目）"标签

### 5. 第五标签选项 Variables（变量）

该标签选项是新建变量、导入变量，自动导入变量、变量排序、删除没用的变量、刷新参考变量等选项。常用的是"New Variable（新建变量）"。在编写程序的时候，需要新建变量，就在此标签下新建。"Variables（变量）"标签如图 2-63 所示。

图 2-63　"Variables（变量）"标签

### 6. 第六标签选项 InfoView（信息查看）

该标签包含了 Proficy Machine Edition 软件在使用过程中用到的各种知识，比如在程序编译后出现的错误号和警告号对应的错误信息，方便学习者查阅和改正。"InfoView（信息查看）"标签如图 2-64 所示。

图 2-64　"InfoView（信息查看）"标签

思考练习

（1）模块的存储区地址空间发生冲突怎么解决？

（2）为什么打开 Proficy Machine Edition 软件后，无法导入已经保存的工程项目？

（3）如何在 Proficy Machine Edition 软件中显示工具箱窗口？

（4）在 Proficy Machine Edition 软件编辑器环境中指出标题栏、菜单栏、工具栏、导航视图等位置。

（5）简要概述完整的 Proficy Machine Edition 编辑器窗口中的各个窗口功能。

任务 **4**

# 临时IP地址的设定

### 任务目标

- 能够给计算机分配 IP 地址。
- 能够设置临时 IP 地址。
- 能够判断计算机与 PAC 之间是否连通。

### 任务描述

GEPACSystems RX3i 硬件与计算机之间是通过以太网进行通信的，用一根网线将以太网模块 IC695ETM001 的网口和计算机的网口连接起来，实现硬件设备的连通。给计算机分配一个 IP 地址，通过以太网模块 IC695ETM001 给定的 MAC 地址，给 PAC 设定一个临时 IP 地址，这两个 IP 地址属于同一网段，这样就可以实现 PAC 与计算机之间的网络通信。在 Proficy Machine Edition 7.5 软件编程环境中，设置临时 IP 地址。

### 任务分析

为了建立同编程器之间的初始通信，首先需要给 PAC 分配一个临时 IP 地址。当连接建立以后，实际 IP 地址可以通过编程器下载到 IC695ETM001。

当初次使用标准 PAC 培训系统时，在新建工程项目之后，需要设置临时 IP 地址。在进行临时 IP 地址设置时，请注意以下两点：

（1）在设置前，要保证计算机与 PAC 的物理层连通，即双方网口的 Link 灯为绿色。

（2）临时 IP 地址同 PC 的 IP 地址要处在相同的网段，并且地址在该网段上唯一，为方便介绍，这里计算机和 PAC 的 IP 地址都已经规划完毕，按照规划的 IP 地址进行设置。

### 相关知识

1. IP 地址

IP（Internet Protocol，网际协议）地址，又叫逻辑地址，是我们进行网络通信的基础。为了使连接到网上的所有计算机网络实现相互通信，每一个网络和每一台主机必须分配一个编号，我们把这个编号称作 IP 地址。目前使用的 IP 地址是 32 位的，通常以点分十进制表示，每一个数的取值范围是 0～255，例如：192. 168. 0. 1。

2. MAC 地址

MAC（Media Access Control，介质访问控制）地址，或称为物理地址、硬件地址，用来表示互联网上每一个站点的标识符。MAC 地址通常表示为 12 个十六进制数，每 2 个十六进制数之间用冒号隔开，如"08：00：20：0A：8C：6D"就是一个 MAC 地址。形象地说，MAC 地址就如同人们身份证号码，具有唯一性。

3. IP 地址与 MAC 地址的关系

（1）在一个稳定的网络中，IP 地址和 MAC 地址是成对出现的。如果一台计算机要和网络中另一外计算机通信，那么要配置这两台计算机的 IP 地址，MAC 地址是网卡出厂时设定的，这样配置的 IP 地址就和 MAC 地址形成了一种对应关系。

（2）IP 地址就如同一个职位，而 MAC 地址则好像是去应聘这个职位的人，职位既可以给甲，也可以给乙，同样的道理，一个结点的 IP 地址对于网卡不做要求，基本上什么样的厂家都可以用，也就是说 IP 地址与 MAC 地址并不存在着绑定关系。

（3）IP 地址可以修改，MAC 地址一般不可以修改。比如一个人的名字（相对应 IP 地址）可以修改，而一个人的身份证号码（相对应 MAC 地址）从这个人一出生就定了，不能被修改。

4. 网络 ping 命令

ping 命令是我们在判断网络故障常用的命令，它是用来检查网络是否通畅的命令。我们常用"ping + 空格 + IP 地址"判断两台网络设备是否连通，以此解决网络故障。

**任务示范**

1. 设定计算机的 IP 地址

在桌面上右击"网上邻居"，在弹出的对话框中，选择"属性"命令，如图 2－65 所示。

图 2－65　网上邻居

在"网络链接"对话框中，右击"本地链接"，选择"属性"命令，如图2－66所示。

图2－66　本地连接

在弹出的"本地连接－属性"对话框中，选择"Internet 协议（TCP/IP）"，单击"属性"按钮，如图2－67所示。

图2－67　TCP/IP 属性

在弹出的"Internet 协议（TCP/IP）属性"对话框中，单击"使用下面的 IP 地址"单选按钮，如图2－68所示。

图 2-68　分配 IP 地址

假定给计算机分配的 IP 地址为 192.168.0.1，在"IP 地址"对应的输入框中输入"192.168.0.1"，单击"子网掩码"对应的输入框，系统自动分配刚才输入的 IP 地址对应的子网掩码"255.255.255.0"，输入完毕后，单击"确定"按钮，关闭"本地连接 – 属性"对话框，计算机的 IP 地址设置完毕，如图 2-69 所示。

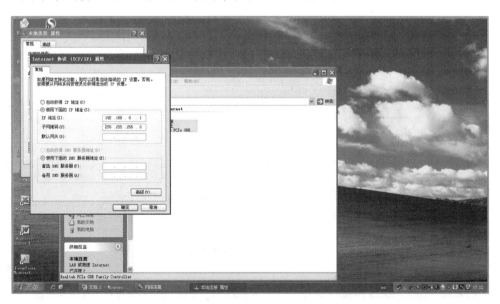

图 2-69　设置子网掩码

## 2. 设置 PAC 的 IP 地址

双击桌面上的"Proficy Machine Edition 7.5"图标，启动 Proficy Machine Edition 7.5。

在打开的"Proficy Machine Edition 7.5"软件环境中，单击左侧"Navigator（导航）"中的"Utilities（公用）"选项卡，双击"Set Temporary IP Address（设置临时 IP 地址）"选项，如图 2 - 70 所示。

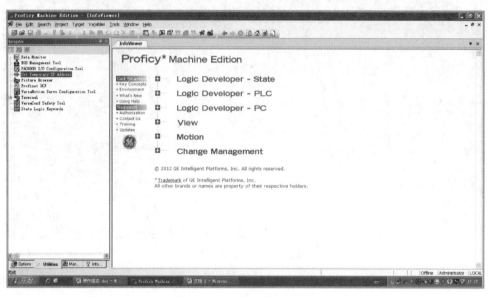

图 2 - 70　设置临时 IP 地址

弹出的"Set Temporary IP Address（设置临时 IP 地址）"对话框（见图 2 - 71）有"MAC Address（MAC 地址）"和"IP Address to Set（设置 IP 地址）"选项。

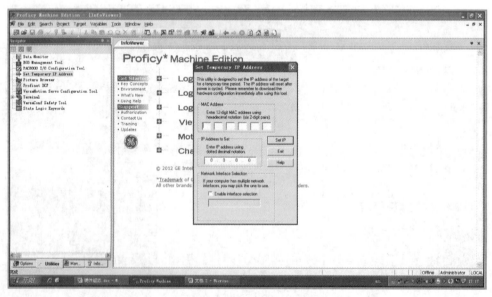

图 2 - 71　MAC 地址

以 1 号 DEMO 演示箱上的 MAC 地址为例，在"MAC Addresss（MAC 地址）"选项框内输入 MAC 地址，MAC 地址为 IC695ETM001 上标注的数字和字母混合的 12 位数"00 -

09 - 91 - 03 - c5 - 2f"，为例便于识记，MAC 地址的每 2 位数之间用短横线 "-" 隔开。在 "IP Address to Set（设置 IP 地址）" 选项框中输入 PAC 的 IP 地址 "192.168.0.21"，如图 2 - 72 所示。

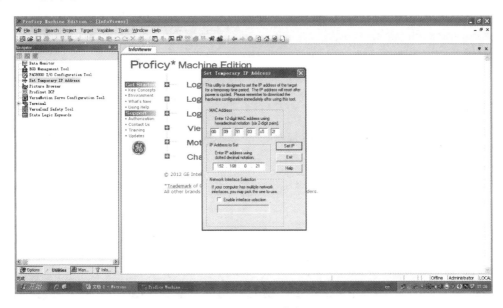

图 2 - 72　IP 地址

MAC 地址和 IP 地址输入完毕后，要把 CPU 模块上的开关拨到 "Stop" 位置，单击 "Set IP（设置 IP）"，弹出提示对话框，提示该过程需要 30~45 s 才能完成，单击 "确定" 按钮，如图 2 - 73 所示。

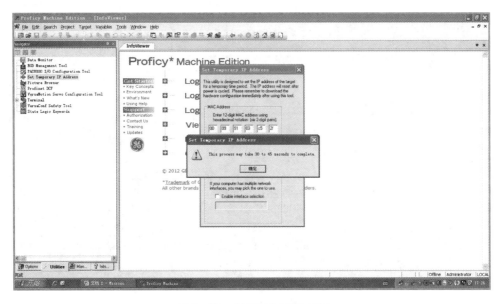

图 2 - 73　设置过程所需时间

等待几秒之后，弹出"Set Temporary IP Address（设置临时 IP 地址）"对话框，看到"IP change SUCCESSFUL（IP 地址设置成功）"的提示信息，则说明 PAC 的 IP 地址已经设置成功。单击"确定"按钮，如图 2 - 74 所示。

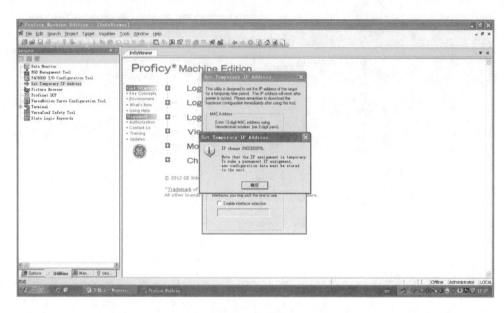

图 2 - 74　设置成功

关闭临时 IP 设置窗口。为了验证计算机和 PAC 的 IP 地址设置是否正确，回到桌面，单击"开始"按钮，在弹出的对话框中选择"运行"命令，如图 2 - 75 所示。

图 2 - 75　运行命令

在弹出的"运行"对话框中，输入"cmd"命令，如图2-76所示。

图2-76　"cmd"指令

在弹出的对话框鼠标闪烁位置处，输入"ping+空格+PAC的IP地址"，这里为"ping 192.168.0.21"，192.168.0.21是刚才给PAC设定的IP地址，输入完毕后按【Enter】键，如图2-77所示。

图2-77　ping命令

如果显示"Reply from 192.168.0.21：bytes=32 time<1ms TTL=64"，则表示计算机和PAC之间的连接成功，如图2-78所示。

图 2-78　网络连通

能够在 Proficy Machine Edition 软件编辑器环境下进行临时 IP 地址的设定，详细技能点如表 2-20 所示。

表 2-20　临时 IP 地址的设定能力实训

| 序号 | 实训技能点 | 完成情况 | 备注 |
| --- | --- | --- | --- |
| 1 | 给计算机分配一个 IP 地址 | | |
| 2 | 在 Proficy Machine Edition 导航窗口中找到设置临时 IP 地址标签 | | |
| 3 | 在设置临时 IP 地址标签里找到设置临时 IP 地址选项 | | |
| 4 | 在设置临时 IP 地址对话框中输入 PAC 的 MAC 地址 | | |
| 5 | 给 PAC 分配和计算机同一网段的 IP 地址 | | |
| 6 | 给 PAC 成功设置 IP 地址 | | |
| 7 | 用网络命令查看计算机和 PAC 是否联通 | | |

拓展提高

1. 网络不通的常用解决方法

（1）网络没有连接，提示"本地连接，网络电缆没有插好"，请检查。网络正常时网上邻居图标为，如图 2-79 所示。

（2）网线，水晶头是否完好。

图 2-79　网络已经连接

（3）计算机和 PAC 以太网通信设备 ETM001 是否用完好的网线连接。

（4）电源模块的开关是否拨到"ON"位置。

（5）设置临时 IP 地址时，MAC 地址输入有误。

（6）设置临时 IP 地址时，网络通信模块 ETM001 已经被设置过同样的 IP 地址，如图2-80所示。

图2-80 IP 地址已经被使用

### 2. 临时 IP 地址设置错误

设置临时 IP 地址时，CPU 开关没有拨到"STOP"模式，在单击"Set IP（设置 IP）"按钮时，几秒后则弹出图2-81所示提示。

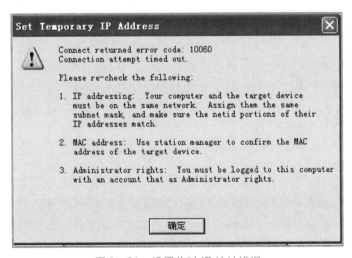

图2-81 设置临时 IP 地址错误

思考练习

（1）什么是 IP 地址，IP 地址有什么作用？

（2）什么是 MAC 地址？MAC 地址和 IP 地址的区别是什么？

（3）计算机和 PAC 进行通信时，哪些地方需设置 IP 地址？如何设置？

（4）测试网络连通的网络命令是什么？在计算机中如何操作？

（5）列举几种 IP 地址设置不成功的原因。

# 任务 **5**

## GE智能平台PAC RX3i 硬件组态

### 任务目标

● 能够按照标准 PAC 培训系统 DEMO 演示箱上的硬件顺序完成硬件组态。

### 任务描述

主要介绍 GE 智能平台的上位机编程软件 Proficy Machine Edition，包括软件安装要求、安装步骤、安装软件授权，软件卸载。工程师通过实际演示的方式，一步一步地引导初学者逐渐了解硬件配置、上下位机通信的基本知识，以及 Proficy Machine Edition 软件使用技巧。

### 任务分析

按照任务 1 中标准 PAC 培训系统 DEMO 演示箱上的硬件顺序，逐一进行硬件组态。硬件组态的过程就是在 Proficy Machine Edition 软件环境中组态一个和 DEMO 演示箱上的硬件顺序完全一致的配置，目的是达到硬件、软件相一致。

在硬件组态时，前两个模块都是系统自带的模块，只是与硬件配置不符，需要替换不符合的硬件模块，所以前两个模块都选择"Replace Module（替换模块）"，而"Slot3（第 3 槽）"以后的模块，系统给出的都是空模块，所以需要选择"Add Modole（添加模块）"。

### 相关知识

1. PAC RX3i 硬件组态模块翻译

在利用 Proficy Machine Edition 软件进行硬件组态的时候，由于编辑器系统是英文的，对高职学生英文基础薄弱，特对硬件组态模块的英文进行翻译，以帮助学生快速掌握硬件组态模块名称，具体的详细信息如图 2-82 所示。

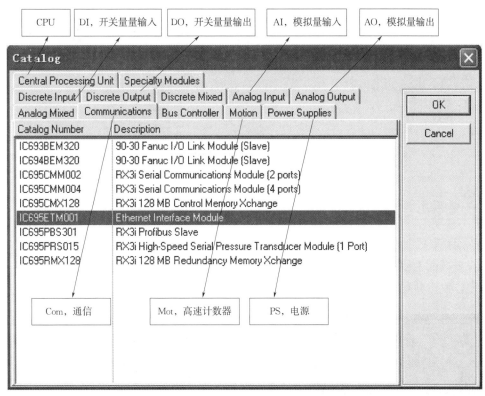

图2-82 PAC RX3i 硬件组态模块目录

2. PLC 存储空间的分配

虽然各种 PLC 的 CPU 的最大寻址空间各不相同但是根据 PLC 的工作原理，其存储空间一般包括以下三个区域。

（1）系统程序存储区。在系统程序存储区中存放着相当于计算机操作系统的系统程序，包括监控程序、管理程序、命令解释程序、功能子程序、系统诊断子程序等，由制造厂商将其固化在 EPROM 中用户不能直接存取。它和硬件一起决定了该 PLC 的性能。

（2）系统 RAM 存储区（包括 I/O 映像区和系统软设备等）。系统 RAM 存储区包括 I/O 映像区及各类软设备，如逻辑线圈、数据寄存器、计时器、计数器、变址寄存器、累加器等存储器。

（3）用户程序存储区。用户程序存储区存放用户编制的用户程序。

3. GE PAC 变量地址表示形式

变量是已命名的存储数据值的存储空间。它代表了目标 PAC CPU 内的存储位置。CPU 以位存储器和字存储器的方式存储程序数据，以不同的特性将两种类型的存储器分解成不同的类型，每一种类型的存储器一般用于特定类型的数据。

GE PAC 变量的地址分为外部地址和内部地址。内部地址又分位地址和字地址。而内部地址包括中间继电器位地址、寄存器字地址和系统标志位地址。变量以变量地址标识符、地址类型和地址编号组成。例如% AI00057 就表示模拟量输入地址从 57 开始。GE PAC 变量地址表示形式如图 2-83 所示。

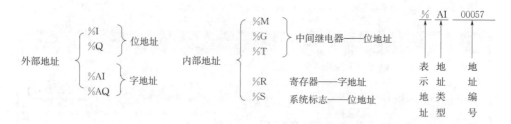

图 2-83　GE PAC 变量地址表示形式

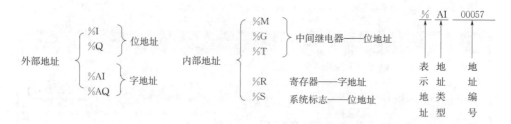任务示范

### 1. 打开项目

双击桌面上 Proficy Machine Edition，在弹出的"Machine Edition（机器编辑器）"对话框中，单击新建的项目"Test"，单击"OK"按钮，如图 2-84 所示。

图 2-84　打开项目

在弹出的临时授权激活对话框中，提示试用期授权将在 4 天后过期，单击"确定"按钮，如图 2-85 所示。

### 2. 展开硬件组态

在打开的项目管理器中，鼠标左键单击"Hardware Configuration（硬件组态）"前面的"⊞"展开硬件组态，看到的是"Rack0（机架）"，Rack0 的订货号是 IC695CHS012，它是 12 槽的标准背板，和我们之前学习标准 PAC 培训系统 DEMO 演示箱上的背板完全一致。单击"Rack0（机架）"前面的"⊞"，如图 2-86 所示。

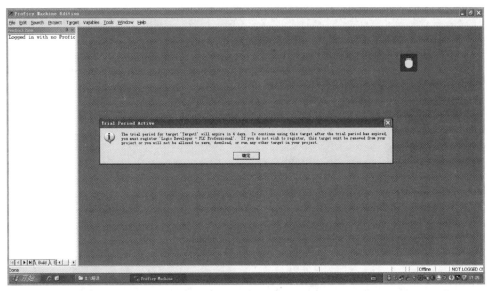

图2-85 临时授权过期提醒

图2-86 展开机架

### 3. 组态电源模块

根据标准PAC培训系统DEMO演示箱上的硬件组成顺序，排在第0号槽的是电源模块IC695PSA040，和DEMO演示箱上的电源模块IC695PSD040不同（一个字母的区别），所以要替换成和DEMO演示箱上一样的电源模块。右击"Slot0"，在弹出的对话框中，选择"Replace Module（替换模块）"，如图2-87所示。

在弹出的电源模块目录对话框中，电源列表里有IC695PSA040、IC695PSA140、IC695PSD040、IC695PSD140，单击第三项IC695PSD040，单击"OK"按钮，完成电源组态，如图2-88所示。

图 2 - 87　模块替换

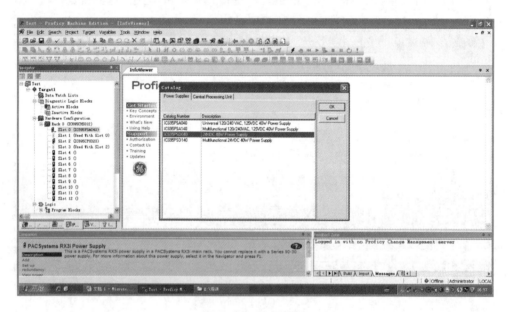

图 2 - 88　电源选择

### 4. 组态 CPU 模块

按照标准 PAC 培训系统 DEMO 演示箱上的硬件组成顺序，排在电源后面的是 CPU 模块，CPU 模块占据 2 个槽位。在硬件组态列表中 CPU 的位置是"Slot2（第 2 槽）"，而 DEMO 演示箱上 CPU 位置在"Slot1（第 1 槽）"，所以要把 CPU 模块放到"Slot1"的位置。组态列表中 CPU 模块的订货号是 IC695CPU320，而 DEMO 演示箱上的 CPU 模块的订 IC695CPU315，所以要替换 CPU 模块，如图 2 - 89 所示。

图2-89 改变 CPU 槽号位置

单击"Slot2"中的 CPU 模块不动，往上拖动到"Slot1"的位置。右击"Slot1（IC695CPU315）"，在弹出的对话框中，选择"Replace Module（替换模块）"命令，如图2-90所示。

图2-90 CPU 替换模块

在弹出的 CPU 模块目录列表中，单击第 5 项 IC695CPU315，单击"OK"按钮，如图2-91所示。

在弹出的对话框中，提示你是否想保持当前设置常用参数，单击"是"按钮。CPU 模块列表如图2-92所示。

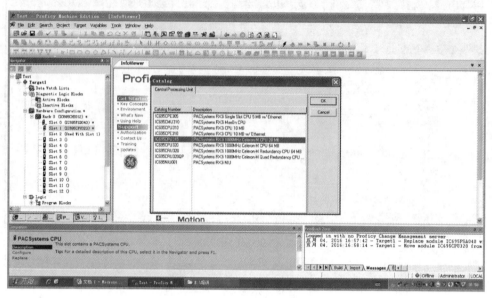

图 2-91　CPU 模块列表

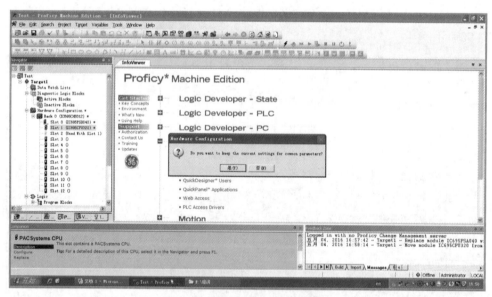

图 2-92　保持当前配置

### 5. 组态以太网模块

以太网模块所在的位置是 Slot3。在硬件组态时，前 2 个模块都是系统自带的模块，只是与我们的硬件配置不符，需要替换不符合的硬件模块，所以前 2 个模块都选择 "Replace Module（替换模块）"，而 "Slot3（第 3 槽）" 以后的模块，系统给出的都是空模块，所以需要选择 "Add Modole（添加模块）"。右击 "Slot3（第 3 槽）"，在弹出的菜单中选择 "Add Modole（添加模块）"，如图 2-93 所示。

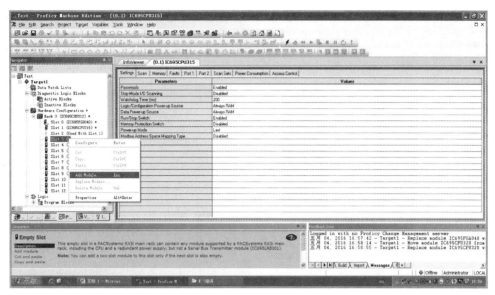

图 2 - 93 组态以太网模块

在弹出的硬件组态目录列表中，单击"Communications（通信）"选项卡，在下面的详细列表中，单击"IC695ETM001"，单击"OK"按钮，如图 2 - 94 所示。

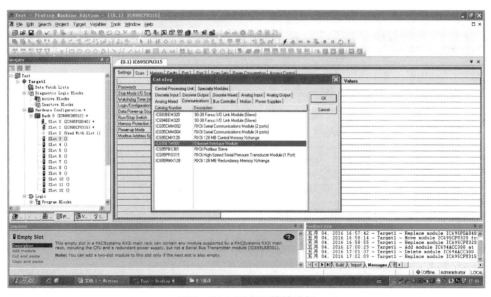

图 2 - 94 以太网模块选择

组态设置完成的以太网模块 IC695ETM001 在 Slot3 旁边有一个红色的 图标，提示要给以太网模块 IC695ETM001 输入之前设置的临时 IP 地址和子网掩码。对应右侧详细信息视图中，IP Address（IP 地址）对应的输入框中是 0.0.0.0，Subnet Mask（子网掩码）也是 0.0.0.0，如图 2 - 95 所示。

在右侧 Slot3（IC695ETM001）选择卡中，在"IP Address（IP 地址）"对应的输入

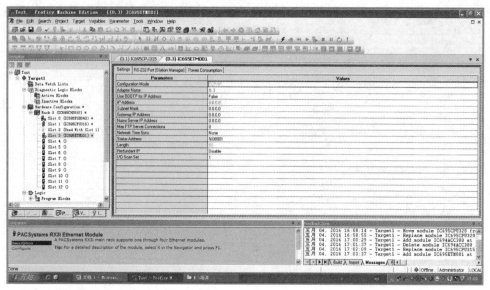

图 2-95　以太网模块参数设置

框中输入之前设定的临时 IP 地址，以"192.168.0.21"为例，在子网掩码对应的输入框中输入子网掩码"255.255.255.0"，输入完毕后，Slot3 旁边红色的█图标消失，如图 2-96 所示。

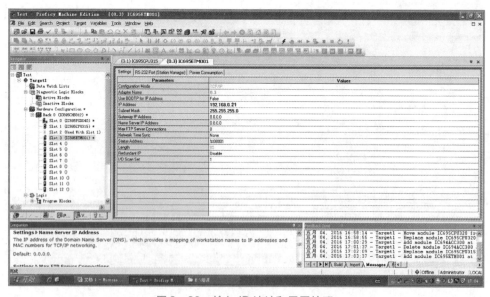

图 2-96　输入 IP 地址和子网掩码

## 6. 组态开关量输入模块

在 Slot4（第 4 槽）的硬件模块是开关量输入模拟器模块，右击"Slot4"，在弹出的对菜单选择"Add Modole（添加模块）"，如图 2-97 所示。

在弹出的模块目标列表对话框中，单击"Discrete Input（开关量输入模块）"选项卡，

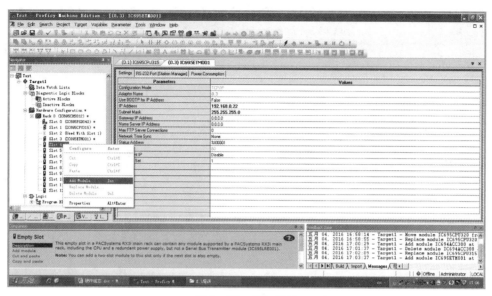

图2-97 添加模块

在下面的模块详细信息列表中找到"IC694ACC300",单击"IC694ACC300",单击"OK"按钮,如图2-98所示。

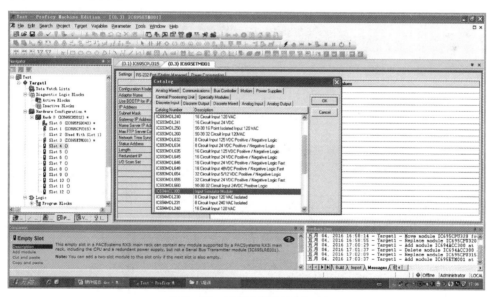

图2-98 IC694ACC300 组态

开关量输入模块 IC694ACC300 组态设置完成后,右侧详细信息列表中,"Reference Adress(参考地址)"是从 81 开始的,如图2-99所示。

用同样的方法,右击"Slot5",选择"Add Modole(添加模块)",在弹出的模块列表对话框中,单击"Discrete Input(开关量输入模块)"选项卡,选择"IC694MDL660",单击"OK"按钮,如图2-100所示。

图 2-99　IC694ACC300 详细信息

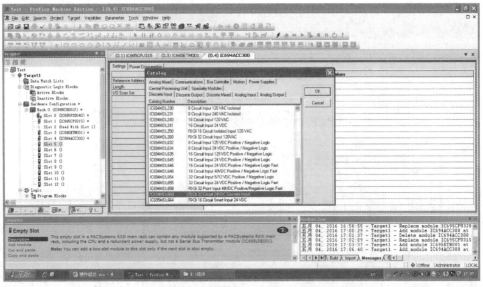

图 2-100　组态开关量输入模块 IC694MDL660

### 7. 组态高速计数器模块

右击"Slot6"，在弹出的菜单中，选择"Add Modole（添加模块）"，在弹出的模块列表对话框中，单击"Motion（运动）"选项卡，选择"IC695HSC304"，单击"OK"按钮，如图 2-101 所示。

### 8. 组态模拟量输入模块

右击"Slot7"，在弹出的菜单，选择"Add Modole（添加模块）"，在弹出的模块列表对话框中，单击"AnalogInput（模拟量输入）"选项卡，选择"IC695ALG600"，单击"OK"按钮，如图 2-102 所示。

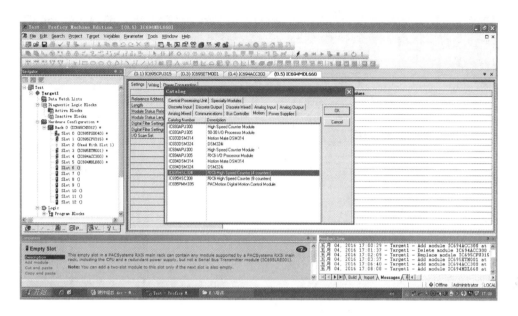

图2－101　组态高速计数器模块IC695HSC304

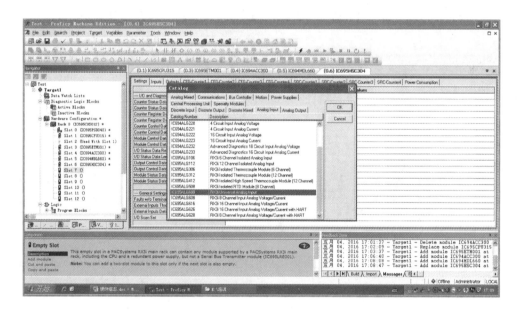

图2－102　组态模拟量输入模块IC695ALG600

组态设置完成之后，在Slot7前面出现一个红色的图标，在右侧的模拟量输入模块IC695ALG600的详细信息视图中第一行参考地址出现红色的％AI00057，如图2－103所示。

当出现红色的％AI00057，说明有错误，这是因为CPU的地址分配和模拟量的地址分配发生冲突，双击浏览视图中的Slot1（IC695CPU315），在右侧的详细信息视图中，

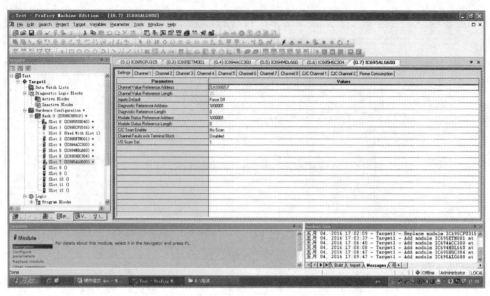

图 2 - 103　模拟量输入模块 IC695ALG600 出现错误

选择第三个选项标签"Memory（内存）"，在下面找到"％AI Analog Input（模拟量输入）"对应的输入框，原来的值是"64"，输入"640"，按【Enter】键，红色 ![]消失，如图 2 - 104 所示。

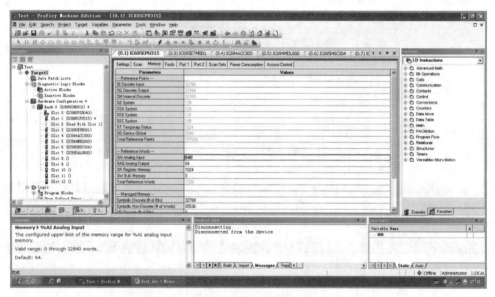

图 2 - 104　模拟量输入模块地址冲突消失

### 9. 组态模拟量输出模块

右击"Slot8"，在弹出的菜单中，选择"Add Modole（添加模块）"，在弹出的模块列表对话框中，单击"AnalogOtput（模拟量输出）"选项卡，选择"IC695ALG704"，单击"OK"按钮，如图 2 - 105 所示。

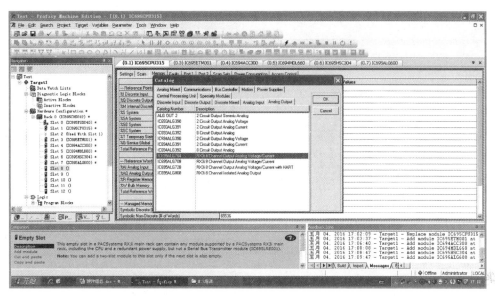

图2-105　组态模拟量输出模块 IC695ALG704

## 10. 组态开关量输出模块

右击"Slo9"，在弹出的菜单中，选择"Add Modole（添加模块）"，在弹出的模块列表对话框中，单击"Discrete Otput（开关量输出模块）"选项卡，选择"IC694MDL754"，单击"OK"按钮，如图2-106所示。

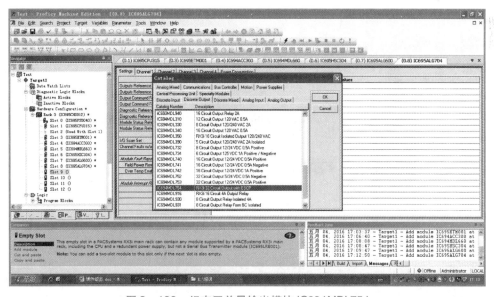

图2-106　组态开关量输出模块 IC694MDL754

## 11. 组态串行通信模块

右击"Slo10"，在弹出的菜单中，选择"Add Modole（添加模块）"，在弹出的模块列表对话框中，单击"Communictions（通信模块）"选项卡，选择"IC695CMM002"，单击

"OK"按钮，如图 2-107 所示。

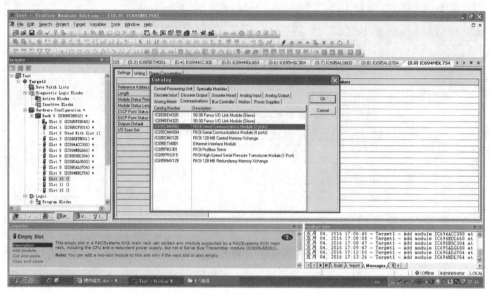

图 2-107　组态串行通信模块 IC695CMM002

### 12. 组态基架扩展模块

第 11 槽是孔模块，不需要组态。

右击"Slo12"，在弹出的菜单中，选择"Add Modole（添加模块）"，在弹出的模块列表对话框中，只有一个选项，单击"IC695LRE001"，如图 2-108 所示。单击"OK"按钮，组态完成的视图如图 2-109 所示。

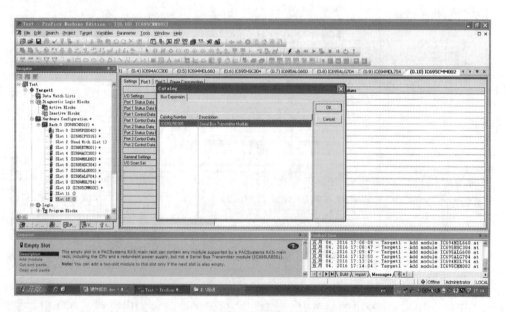

图 2-108　组态基架扩展模块 IC695LRE001

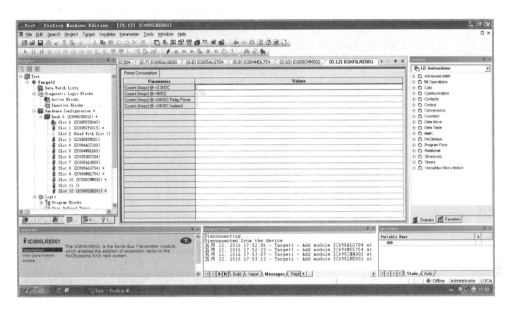

图2-109　硬件组态完成

**13. 设置项目的Target属性**

右击"Target 1"，在弹出的对话框中，单击"Properties（属性）"选项，如图2-110所示。

图2-110　"Target 1"属性

在弹出的对话框中，找到"Physical Port（物理端口）"选项，单击旁边的下拉按钮
，选择"ETHERNET（以太网）"模式，如图2-111所示。

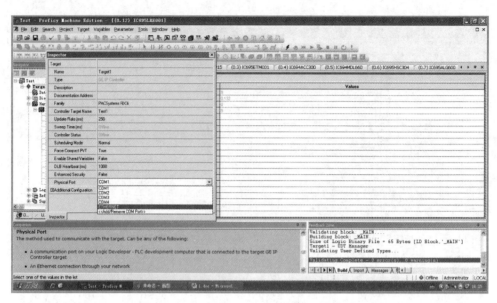

图 2 - 111　选择物理端口

在红色的"IP Address"对应的输入框中，输入 PAC 的 IP 地址"192.168.0.21"，按【Enter】键，Target 1 的属性设置完毕，如图 2 - 112 所示。

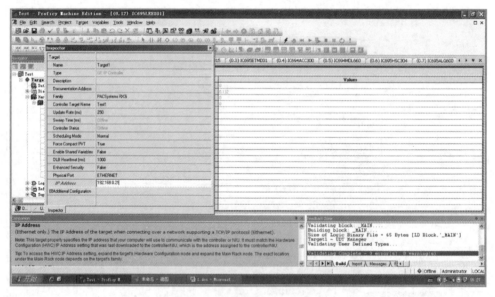

图 2 - 112　输入 Target 1 的 IP 地址

能力实训

学生新建一个项目，项目名称是学生的学号，按照标准 PAC 培训系统 DEMO 演示箱上的硬件顺序，设置硬件组态，如表 2 - 21 所示。

表2-21　标准 PAC 培训系统硬件组态

| 序号 | 实训技能点 | 完成情况 | 备注 |
|---|---|---|---|
| 1 | 新建项目名称 | | |
| 2 | 项目类型 | | |
| 3 | Slot 0 | | |
| 4 | Slot 1 | | |
| 5 | Slot3 | | |
| 6 | Slot 4 | | |
| 7 | Slot 5 | | |
| 8 | Slot 6 | | |
| 9 | Slot 7 | | |
| 10 | Slot 8 | | |
| 11 | Slot 9 | | |
| 12 | Slot 10 | | |
| 13 | Slot 11 | | |
| 14 | Slot 12 | | |
| 15 | Target 1 属性设置 | | |

拓展提高

查阅资料，设置多机架组态或者更改硬件模块组态。

思考练习

（1）硬件组态过程中，以太网模块出现红色🗙图标应怎么处理？

（2）硬件组态过程中，模拟量输入模块出现🗙图标应修改哪个选项？

（3）硬件组态完成后，如何查看每个硬件模块的起始地址？

（4）开关量输入模块 IC694ACC300 组态完成后，右侧详细信息列表中，"Reference Address（参考地址）"为什么不是从% I00081 开始的？

（5）概述 PAC RX3i 硬件组态模块目录中各个标签选项的含义和功能。

# 任务 ⑥ 项目验证下载保存

## 任务目标

- 能够对激活的目标（Target）进行验证。
- 能够正确下载。
- 能够对项目进行保存。

## 任务描述

在 Proficy Machine Edition 软件编辑器环境中，项目硬件组态完成或者软件编写完成后，要对激活的目标（Active Target）进行验证（Validate），下载并激活目标（Download and Start Active Target）及保存（Save）。这里所说的激活的目标就是指的 Target1。

## 任务分析

（1）第一步要对 Target（目标）进行"验证"。项目硬件组态完成或者软件编写完成后，第一步要对 Target（目标）进行"验证"，验证过程中系统会提示的软硬件方面是否存在逻辑错误，语法检测，准确定位故障原因。解决出现的故障后，再次对 Target 进行验证，直到没有错误，这样才可进行后续的工作。有错误时，可以按【Shift + F3】组合键精确定位出现的故障。

（2）第二步是在工具栏上单击"在线"图标。

（3）第三步单击工具栏上的"切换在线模式"图标。

（4）第四步是单击工具栏上的"下载并运行"图标，如果下载并运行图标是灰色的，先单击工具栏上的"停止"图标，然后再单击下载并运行图标。项目下载到 PAC 中才能运行。

（5）最后对项目进行保存，以备再次使用。

## 相关知识

（1）对 Target 进行"Validate（验证）"，快捷方式是单击工具栏上的✓图标。

（2）对 Target 进行"Online/Offline（在线/离线）"，快捷方式是单击工具栏上的⚡图标。

（3）对 Target 进行"Toggle Online Mode（在线模式切换）"，快捷方式是单击工具栏上的图标。

（4）对 Target 进行"Download and Start Active Target（下载并激活目标）"，快捷方式是单击工具栏上的图标。

（5）对 Target 进行"Save（保存）"，快捷方式是单击工具栏上图标。

### 任务示范

**1. 项目编译**

当硬件组态完成后或者程序编写完成后，对项目进行编译，用以检测项目文件的逻辑是否正确。单击工具栏上的验证图标 ✓，如图 2-113 所示。

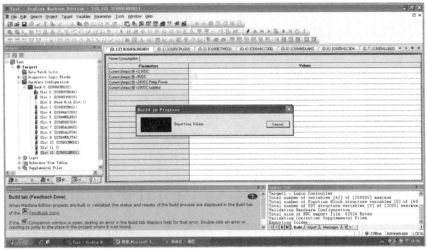

图 2-113　项目编译

等待几秒后，在"Feedback Zone"窗口下面查看是否有错误和警告，如果 error（错误）和 warning（警告）前面都显示"0"，则表示项目在逻辑上没有错误，如图 2-114 所示。

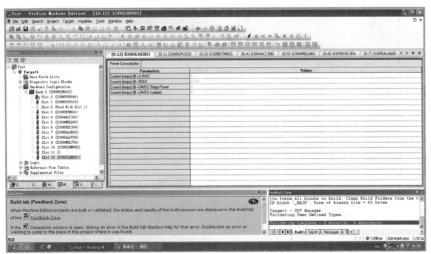

图 2-114　编译结果

## 2. 项目下载

（1）在线/离线。单击工具栏上的 ⚡ （在线/离线）图标，如图 2－115 所示。

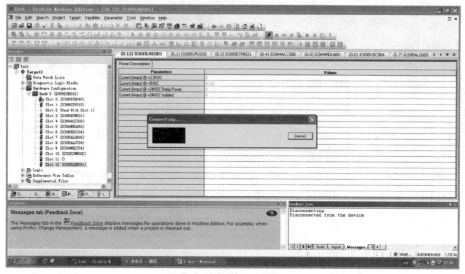

图 2－115　项目在线/离线

项目成功在线后，"Target 1"前面的图标由 ✿ 变为 ✖，编辑器最下面右侧的状态栏中显示信息是 ✖ Monitor, Run Enabled, Config NE, Logic NE，"Run Enabled"表示 CPU 在运行状态，"Config NE"表示本项目中的硬件组态和 PAC 中的硬件组态不相等，"Logic NE"表示本项目中的程序和 PAC 中的程序不相等，如图 2－116 所示。

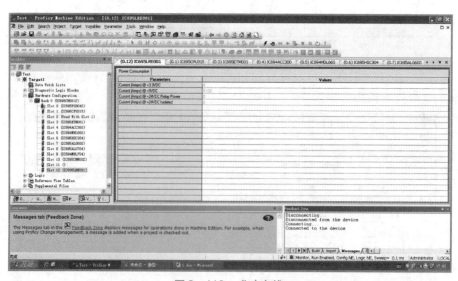

图 2－116　成功在线

（2）在线模式的切换。成功在线后，单击 ✋ （在线模式切换）图标，"Target 1" ✖ Programmer, Run Enabled, Config NE, Logic NE，前面的图标由蓝色变为绿色，编辑器状态栏中显示信息，如图 2－117 所示。

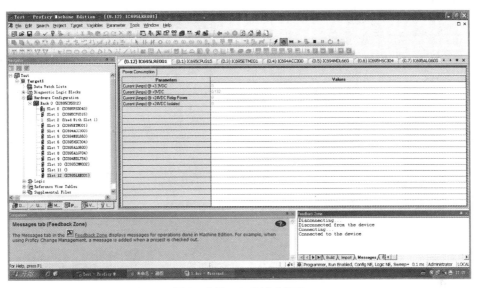

图2-117　在线模式切换

程序下载前要停止 CPU 运行，单击停止图标 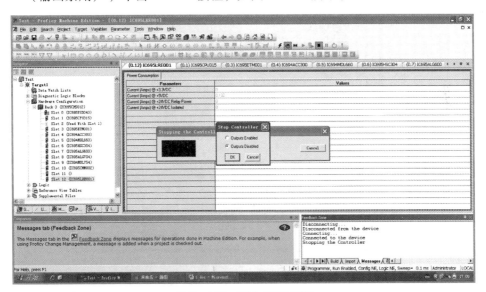，在弹出的对话框中，提示"Outputs Disabled（输出禁用）"，单击"OK"按钮，如图2-118所示。

图2-118　停止 CPU 运行

（3）下载运行。单击 ■ 图标后，CPU 停止运行，下载并运行图标由之前的 ▶ 图标变为 ▶ 图标，如图2-119所示。

单击工具栏上的下载并运行图标 ▶，弹出下载选项选择对话框，选择要下载的选项，单击"OK"按钮。选择下载选项，具体详细介绍如图2-120所示。一般可选择默认选项，当选择"写到 Flash 内存中"时，程序下载到系统的 Flash 存储区，在 CPU 掉电后重新启动时，程序依然保存在系统中，而不会因为 CPU 掉电丢失程序。

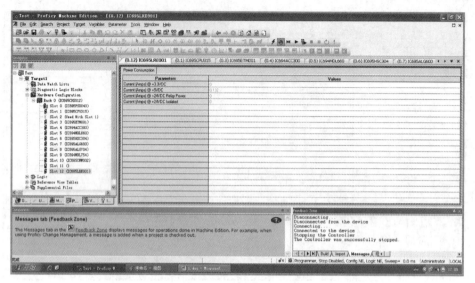

图 2 - 119　CPU 运行启用

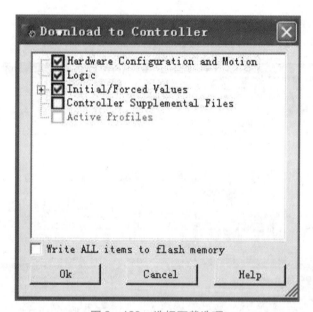

图 2 - 120　选择下载选项

在弹出的启动控制器对话框中，提示"Outputs Enabled（输出启用）"，单击"OK"按钮，程序开始下载，如图 2 - 121 所示。

下载完成后，"Target 1"前面的图标由绿色 图标变为 图标，表示下载成功，编辑器状态栏中显示信息，如图 2 - 122 所示。

3. 项目保存

项目在开发过程中，每完成一部分，要及时进行保存，这样不会因为关闭软件或者其他原因导致项目重新开发。

单击工具栏上 图标，进行保存。

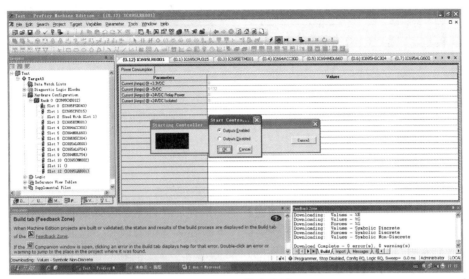

图2-121 输出启用

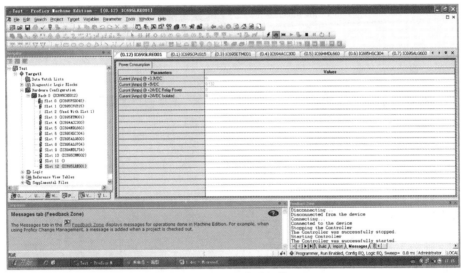

图2-122 成功下载

能力实训

根据任务6所学内容,完成项目验证下载保存技能实训,如表2-22所示。

表2-22 项目验证下载保存技能实训

| 序号 | 实训技能点 | 完成情况 | 备注 |
|------|-----------|----------|------|
| 1 | 验证 Target | | |
| 2 | 在线/离线 | | |
| 3 | 切换在线模式 | | |

续上表

| 序号 | 实训技能点 | 完成情况 | 备注 |
|---|---|---|---|
| 4 | 下载并运行 | | |
| 5 | 项目保存 | | |
| 6 | 精确定位故障 | | |

 拓展提高

### 1. 快捷方式

掌握 Proficy Machine Edition 软件编辑环境中操作动作的快捷方式会提高工作效率。当程序行数较多时，需要对程序进行不断验证，下载并运行查看效果，这时候验证的快捷方式就会起到很好的作用。验证激活目标的快捷键是【F7】，下载的快捷键是【F8】，下载并运行的快捷键是【F9】。

### 2. 项目备份

当完成一个工程项目时，需要对项目进行备份，以便后续对项目进行恢复或者再次使用。

单击"File（文件）"，在下拉列表中选择"Save and Backup Project（保存并备份项目）"，如图 2-123 所示。

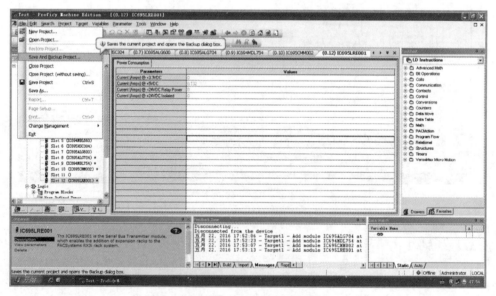

图 2-123　保存并备份项目

在弹出的保存并备份对话框中，项目名称是默认名称，选择保存路径，单击"保存"按钮，如图 2-124 所示。

打开刚才项目的文件保存路径，查看项目文件"Test"已经被保存，它是一个压缩的文件，如图 2-125 所示。

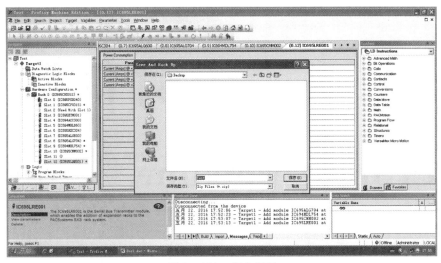

图2-124 保存路径

图2-125 项目文件被保存

**思考练习**

（1）在项目下载过程中，弹出的启动控制器对话框中，没有选择"Outputs Enabled（输出启用）"后输出会有结果吗？

（2）验证Target的快捷方式是什么？

（3）验证Target后，有错误，按哪个快捷键可以精确定位错误？

（4）为什么有的时候"下载并运行"图标是灰色的？出现这样的现象如何处理才能"下载并运行"呢？

（5）为什么要对项目进行保存？

（6）怎么对一个完成的项目进行备份？

# 项目

# Proficy Machine Edition
# 软件编程基础

 **知识目标**

- 掌握常用位逻辑指令的应用。
- 掌握计时器梯形图各端口含义、工作时序图、计时器变量赋值。
- 掌握计数器梯形图各端口含义、工作时序图、计数变量赋值。
- 掌握模拟量模块参数设定方法。
- 掌握用数据窗口的使用。
- 掌握项目的备份、删除与导入步骤。

 **能力目标**

- 能够按照电动机正反转控制电路完成梯形图程序的编写、下载运行调试、结果演示。
- 能够完成计时器指令应用的程序编写、下载运行调试、结果演示。
- 能够完成计数器指令应用的程序编写、下载运行调试、结果演示。
- 能够完成计时器与计数器指令综合应用的程序编写、下载运行调试、结果演示。
- 能够完成温度模拟量参数设置与结果演示。
- 能够用数据窗口的观察温度值的变化。
- 能够对项目进行备份、删除与导入。

**素质目标**

- 培养学生逻辑思维的能力。
- 锻炼学生解决实际问题的能力。
- 培养学生清洁环境，贯彻到底（企业 6S 管理之四——清洁）。

# 任务 1

## 位逻辑指令应用

**任务目标**

- 掌握基本逻辑指令及其时序。
- 熟练掌握自锁功能、互锁功能。
- 根据要求，完成程序设计。

**任务描述**

图 3-1 所示是前面课程学过的电动机自锁控制的接线图，其原理这里不再重述。其控制部分，通过知识迁移，由电路图迁移到梯形图程序，完成"启保停"电路的梯形图程序的编写。

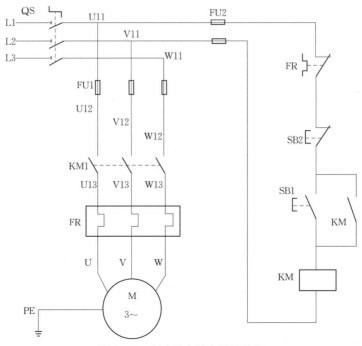

图 3-1 电动机自锁电路接线图

从电动机自锁电路接线图的控制部分可以看出，有两个按钮、一个线圈。按照常理，两个按钮中，一个常开按钮定义为开始启动电动机按钮，一个常闭按钮定义为停止电动机按钮，一个线圈表示电动机。在梯形图程序中也是有一个常开触点，一个常闭触点，一个线圈。需要注意的是要加线圈的保持。

根据任务分析，制定 I/O 地址分配表如表 3−1 所示。

表 3−1  "启保停"电路的梯形图程序 I/O 分配

| 序号 | 变量名称 | 变量功能 | 变量地址 | 变量对应硬件模块位置 |
|---|---|---|---|---|
| 1 | Start | 启动按钮 | % I00081 | IC694ACC300 第一个拨杆 |
| 2 | Stop | 停止按钮 | % I00082 | IC694ACC300 第二个拨杆 |
| 3 | Motor | 电动机 | % Q00001 | IC694MDL754 第一个输出灯 |

基本逻辑指令介绍如下：

（1）触点。触点常用来监控基准地址的状态，如继电器、按钮、行程开关、接近开关等元件的常开触点与常闭触点，以及 PLC 内部继电器。如果触点是常开触点，则常开触点"动作"认为是"1"，常开触点"不动作"认为是"0"；如果触点是常闭触点，则常闭触点"动作"认为是"0"，常闭触点"不动作"认为是"1"；

继电器触点包含常开、常闭、上升沿、下降沿等常用触点，如表 3−2 所示。

表 3−2  继电器触点功能

| 触点类型 | 梯形图助记符 | 触点向右传送能流条件 |
|---|---|---|
| 常开触点 | ⊣ ⊢ | 当参考变量为 ON 时 |
| 常闭触点 | ⊣∕⊢ | 当参考变量为 OFF 时 |
| 上升沿触点 | ⊣P⊢ | 当参考变量从 OFF 转为 ON 时 |
| 下降沿触点 | ⊣N⊢ | 当参考变量从 ON 转为 OFF 时 |
| 延续触点 | ⊣↑↑⊢ | 若前面的延续线圈设定为 ON 时 |

（2）继电器线圈。线圈有保持型和非保持型之分，线圈在梯形图中最右边的位置，在一个梯阶中可以包含 8 个线圈。在电源循环通电时或 PAC 从 STOP 进入 RUN 模式时，保持线圈的状态被保持。在电源循环断电或 PAC 从 RUN 进入 STOP 模式时，保持线圈的状态被清零。继电器线圈包含输出线圈、取反线圈、升上沿线圈、下降沿线圈、置位线圈、复位线圈等，如表 3−3 所示。

表3-3 继电器线圈功能

| 线圈类型 | 梯形图助记符 | 线圈状态 | 操作结果 |
|---|---|---|---|
| 常开线圈 | —○— | ON | 设置参考变量为 ON |
| | | OFF | 设置参考变量为 OFF |
| 常闭线圈 | —∅— | ON | 设置参考变量为 OFF |
| | | OFF | 设置参考变量为 ON |
| 延续线圈 | —⊕— | ON | 设置下一个延续触点为 ON |
| | | OFF | 设置下一个延续触点为 OFF |
| 正切换线圈 | —↑— | 从 ON 到 OFF 切换 | 若参考变量为 OFF，设置成一个扫描周期为 ON |
| 反切换线圈 | —↓— | | 若参考变量为 OFF，设置成一个扫描周期为 ON |
| 置位线圈 | —Ⓢ— | ON | 设置参考变量为 ON，直至用复位线圈复位为 OFF |
| | | OFF | 线圈状态保持不变 |
| 复位线圈 | —Ⓡ— | ON | 设置参考变量为 OFF，直至用复位线圈复位为 ON |
| | | OFF | 线圈状态保持不变 |

（3）数据类型及取值范围。GE PAC 中数据类型、名称及其取值范围如表3-4所示。

表3-4 数据类型及取值范围

| 类型 | 名称 | 描述 |
|---|---|---|
| BOOL | 布尔 | 存储器的最小形式，有1和0两种状态 |
| BYTE | 字节 | 8 位二进制数据，范围 0 ~ 255 |
| WORD | 字 | 16 个连续数据位，范围 0 ~ 65 535 |
| DWORD | 双字 | 32 个连续数据位，范围 0 ~ 4 294 967 295 |
| UINT | 无符号整型 | 占用 16 位存储器位置，范围 0 ~ 65 535 |
| INT | 带符号整型 | 占用 16 位存储器位置，范围 − 32 768 ~ + 32 767 |
| DINT | 双精度整型 | 占用 32 位存储器位置，范围 − 2 147 483 648 ~ 2 147 483 647 |
| REAL | 浮点 | 占用 32 位存储器位置，范围 + 3.402 823E + 38 |

任务示范

## 1. 打开主程序

在前面任务中，打开组态设置完成的项目文件，单击导航视图中的"Project"标签，切换到项目视图。

单击"Logic（逻辑）"前面的"⊞"，单击"Program Block（程序块）"前面的"⊞"，双击"MAIN（主程序）"，如图3-2所示。

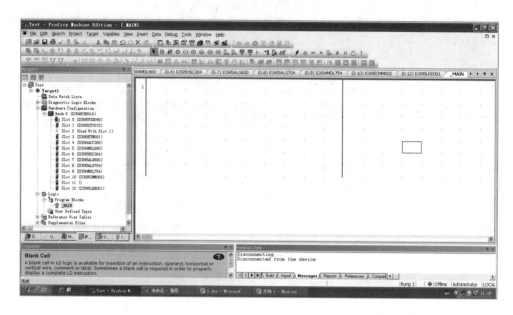

图3-2  主程序

## 2. 编写梯形图程序

单击右侧2条蓝色线中的空白处，工具栏上出现了常开触点 ⊣⊢，常闭触点 ⊣/⊢，线圈 ○ 等，鼠标左键单击 ⊣⊢，常开触点跟随鼠标移动，在2条蓝色的线中间单击鼠标左键，常开触点 ⊣⊢ 添加完成，用鼠标左键依次单击常闭触点 ⊣/⊢ 和线圈 ○，添加完成后，单击正常指针 ⬆，编写完成的梯形图如图3-3所示。

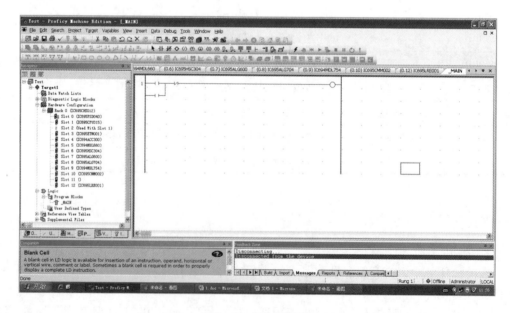

图3-3  添加梯形图

**3. 新建变量及变量的地址关联**

单击左侧"Navigator（导航）"视图下面的"Variables（变量）"标签，右击空白处，在弹出的对话框中，选择"New Variable（新建变量）"，选择"BOOL（开关量）"，如图 3 - 4 所示。

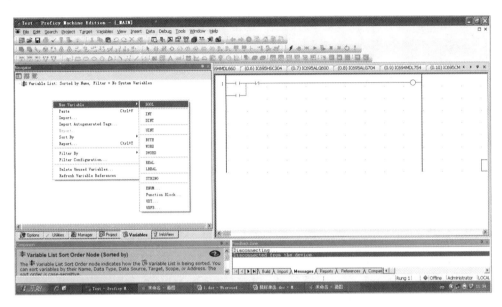

图 3 - 4　新建开关量

一个开关量变量" BOOL"出现在"Variable List（变量列表）"下面，右击" BOOL"，在弹出的对话框中，选择"Properties（属性）"，如图 3 - 5 所示。

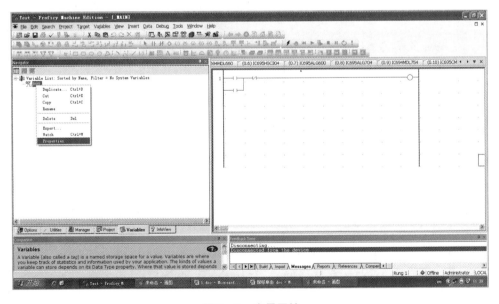

图 3 - 5　变量属性

在变量属性对话框中，修改变量名称，Name 对应的 BOOL 修改为 Start（开始），如图 3-6 所示。

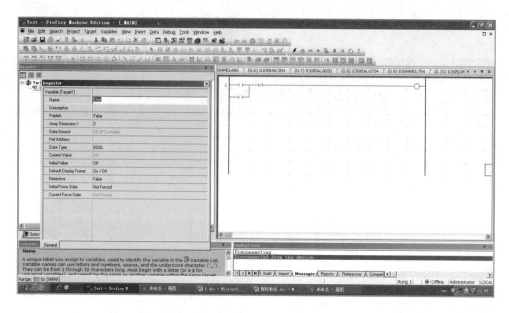

图 3-6　修改变量名称

单击 ，在弹出的参考地址向导对话框中，单击"Memory Area（存储区）"对应下拉列表框旁边的下拉按钮 ，选择"I - Discrete Input（开关量输入）"选项，如图 3-7 所示。

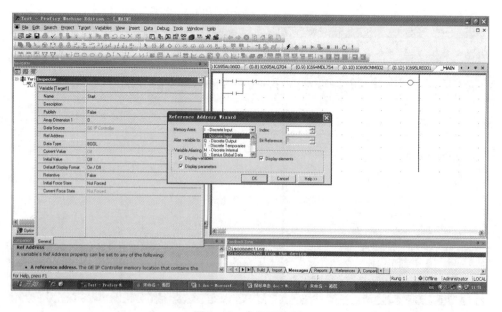

图 3-7　存储区选择

在"Index（地址编号）"对应的输入框中输入"81"，如图3-8所示。

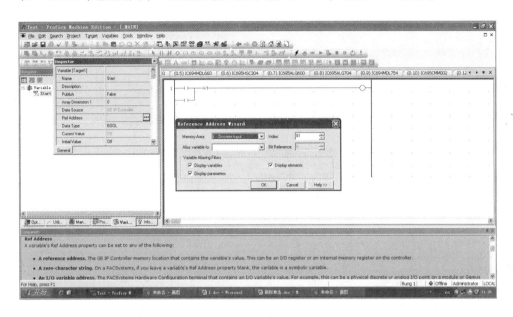

图3-8　输入地址编号

单击"OK"按钮，Start变量的"Ref Address（参考）"变为"% I00081"，如图3-9所示。

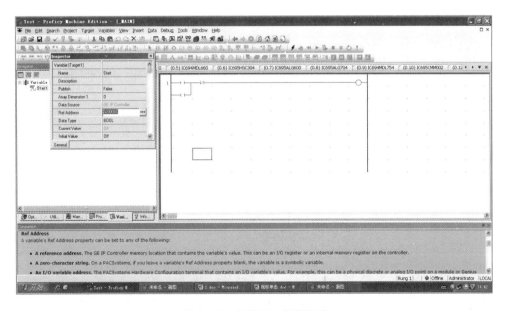

图3-9　变量地址关联完毕

单击"Inspector"属性对话框**X**，关闭属性对话框，地址关联完毕。

用同样的方法新建Stop、Motor变量，完成变量地址关联。关联Motor变量地址的时候需要注意，在"Memory Area（存储区）"的下拉按钮▼，选择"Q-Discrete Output（开关量输出）"选项，"Index（地址编号）"对应的输入框中是默认地址"1"，如图 3 - 10 所示。

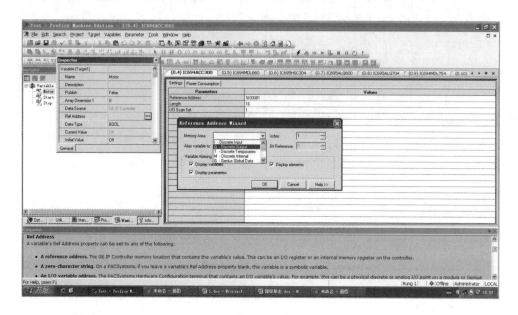

图 3 - 10　开关量输出地址关联

## 4. 梯形图程序关联变量

鼠标右键单击梯形图中对应的开始按钮，在弹出的对话框中，选择"Edit（编辑）"，如图 3 - 11 所示。

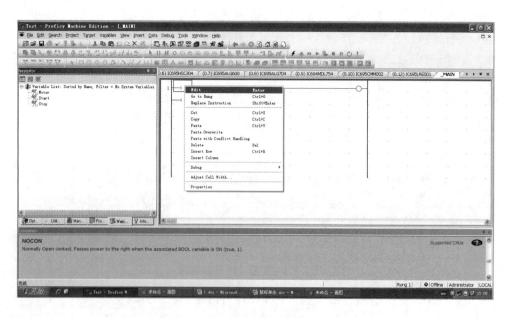

图 3 - 11　关联变量

在弹出的变量选择列表框中，单击列表框右侧的滑动块，向下滑动，找到关联的变量"Start"，如图 3 - 12 所示。

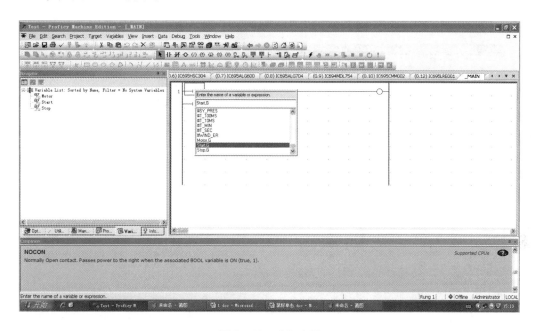

图 3 - 12　选择变量

双击"Start"，完成变量的关联。用同样的方法关联其他变量，关联完成后的梯形图如图 3 - 13 所示。

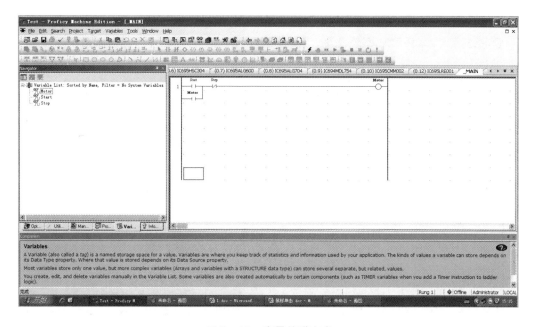

图 3 - 13　变量关联完成

## 5. 验证

单击导航视图中的"Project（项目）"，切换到项目导航视图。单击工具栏上的 ✓ 图标，等待几秒验证完毕后，显示 0 个错误，0 个警告，逻辑验证完成，如图 3－14 所示。

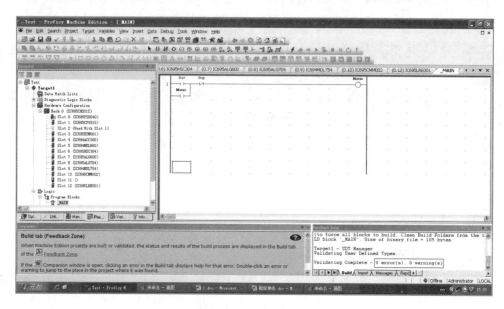

图 3－14　验证 Target

## 6. 在线运行

单击工具栏上在线图标 ⚡，梯形图程序呈蓝色显示，"Target 1"前面的图标由 💐 变为 💥，如图 3－15 所示。

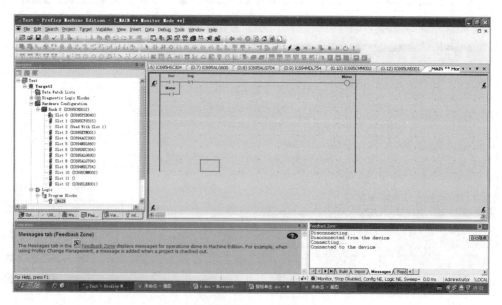

图 3－15　在线

### 7. 在线模式切换

单击工具栏上在线模式切换图标，"Target 1"前面的图标由蓝色　变为绿色　，如图 3 – 16 所示。

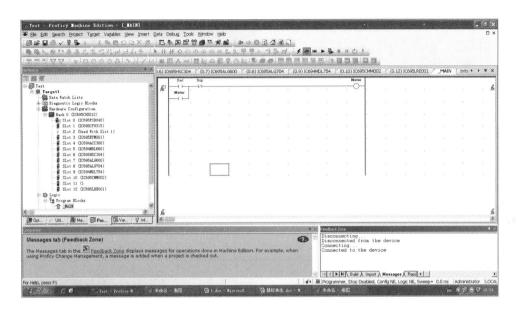

图 3 – 16　在线模式切换

### 8. 下载并运行

单击工具栏上在下载并运行　图标，在弹出的下载选项对话框中，选择默认选项，单击"OK"按钮，程序开始下载，如图 3 – 17 所示。

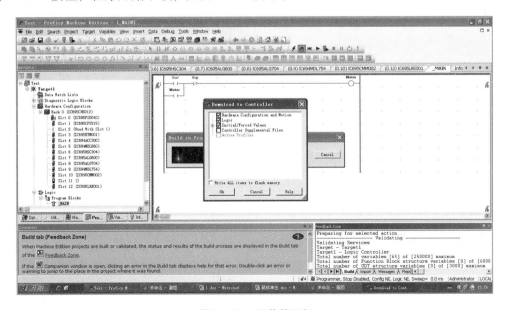

图 3 – 17　下载并运行

在下载即将完毕时，弹出"启动控制器"对话框，提示输出是否使能，默认选项，单击 OK 按钮，下载完成。此时"Target 1"前面的图标由绿色██图标变为██图标，表示下载成功，如图 3-18 所示。

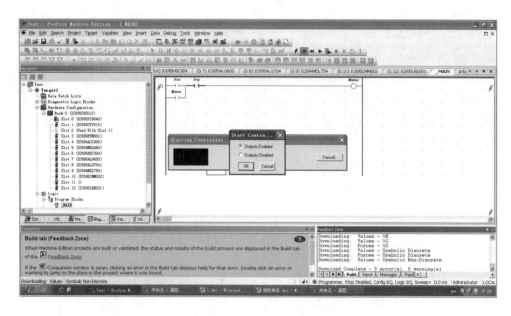

图 3-18 输出使能

下载完成后，编辑环境右侧下面反馈区显示"The Cotroller was Successfully Started（控制器成功启动）"，如图 3-19 所示。

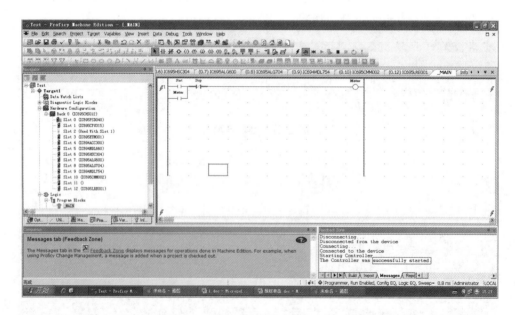

图 3-19 成功下载

向右拨动 IC694ACC300 模块上的第一个拨杆（按下开始按钮），"Start"常开触点连通，"Motor"线圈得电（启动），如图 3 – 20 所示。

图 3 – 20　按下开始按钮梯形图

向左拨动 IC694ACC300 模块上的第一个拨杆（抬起开始按钮），"Start"常开触点断开，但"Motor"线圈依然得电（保持），如图 3 – 21 所示。

图 3 – 21　抬起开始按钮梯形图

向左拨动 IC694ACC300 模块上的第二个拨杆（按下停止按钮），"Stop"常闭触点断开，"Motor"线圈失电（停止），如图 3 – 22 所示。

图 3 – 22　按下停止按钮梯形图

这就是典型的"启保停"电路梯形图程序。

拓展提高

1. 延续触点与延续线圈

每行程序最多可以有九个触点，一个线圈。如超过这个限制，则要用到延续触点与延续线圈。注意延续触点与延续线圈的位置关系。

2. 一些系统触点的含义（只能做触点用，不能做线圈用）

（1）ALW_ON：常开触点。

（2）ALW_OFF：常闭触点。

（3）FST_SCN：在开机的第一次扫描时为"1"，其他时间为"0"。

（4）T_10ms：周期为 0.01 s 的方波。

（5）T_100ms：周期为 0.1 s 的方波。

（6）T_Sec：周期为 1 s 的方波。

（7）T_Min：周期为 1 min 的方波。

3. 故障排除

当下载运行后，Target1 前面出现 图标时，编辑器环境中状态栏右侧也显示 Programmer, Stop Faulted，则说明有故障，如图 3 – 23 所示。

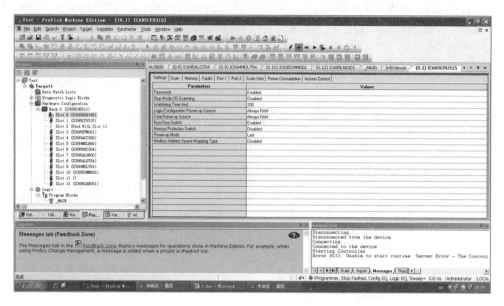

图 3-23　下载后出现故障

鼠标左键双击 Target1 前面 图标，在编辑器右侧 "Fault Table Viewer（故障表查看器）" 中下面有显示故障的描述，第一条显示 "System configuration mismatch（系统组态不匹配）"，说明硬件组态有故障，如图 3-24 所示。

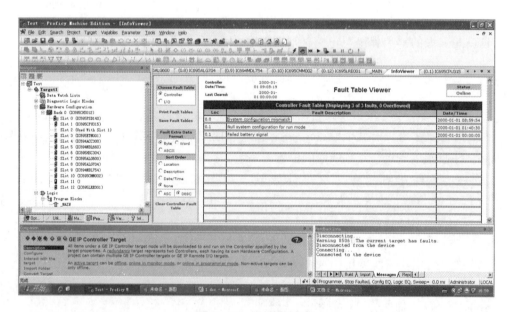

图 3-24　查看故障表

通过仔细查看硬件组态，电源模块和 DEMO 箱上的电源模块型号不同（DEMO 箱上的型号是 IC695PSD040，而组态中选择的是 IC695PSD140）。单击工具栏上的离线图标 ，重新替换电源模块，如图 3-25 所示。

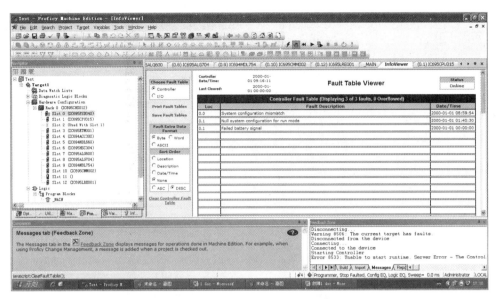

图 3-25　替换错误的组态模块

单击故障表中的"Clear Control Fault Table（清除故障表）"，在弹出的对话框中，单击"是"按钮，如图 3-26 所示。

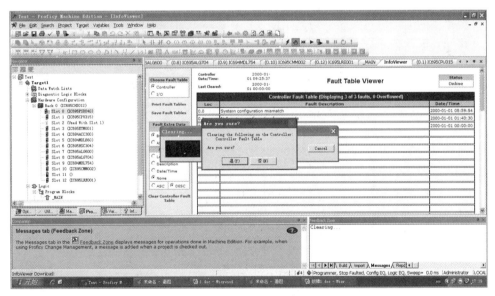

图 3-26　故障清除

故障表已经清除，Target1 前面故障图标变为，故障解决，如图 3-27 所示。

项目开发过程中，硬件组态和软件编程中会出现各种故障。首先要查看故障表，看看提示的是什么故障，具体问题具体分析，直到解决故障为止。故障表中显示的是英文提示，对于高职生英文阅读能力差的情况，可以查阅手机等相关资料，明白是什么故障并予以解决。

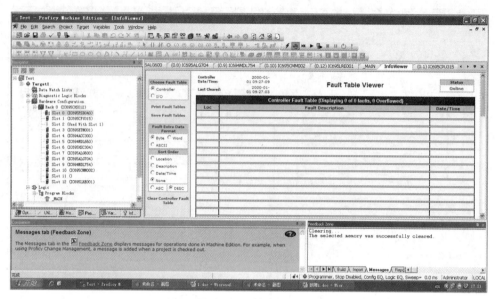

图 3-27　故障解决

### 能力实训

　　根据提供的电动机正反转互锁电路接线图 3-28，通过知识迁移，完成电动机正反转互锁电路的梯形图程序。

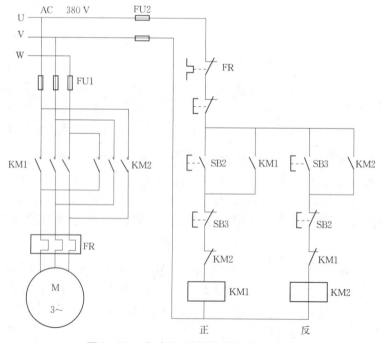

图 3-28　电动机正反转互锁电路接线图

要求：

（1）新建项目。

（2）硬件组态。

（3）合理分配 I/O 地址。

（4）梯形图编写。

（5）程序下载运行调试。

（6）在 DEMO 箱上进行操作演示。

思考练习

（1）给变量关联地址的时候，怎么查看所建变量模块的起始地址？

（2）基本的逻辑指令有哪些？功能分别是什么？

（3）GE PAC 中变量数据类型有哪些，各种类型的取值范围是多少？

（4）程序下载完成后，观察 DEMO 箱上 CPU 模块的"CPU OK"灯，"RUN"灯，"OUTPUTS ENABLED（输出使能）"灯，看看这三个灯中哪几个是亮着的？各个亮着的灯代表什么含义？

# 任务 ② 计时器指令应用

📋 **任务目标**

掌握定时器在梯形图中的应用。

📝 **任务描述**

按下开始按钮 8 s 后，Q1 指示灯亮，任意时刻按下停止按钮后，Q1 指示灯亮灭，编写梯形图程序，实现该功能。

📋 **任务分析**

给开始按钮定义变量名称 Start，接常开触点，给停止按钮定义变量名称 Stop，接常闭触点，安装常规编程，通过一个中间继电器 M1，作为中间的转换，最好不要使按钮直接连接输出指示灯。一个计时器变量名称 T1。在任务示范中，新建项目、硬件组态等内容和前面任务一样，本任务不做详细介绍，只介绍程序编写和下载运行。计时器指令应用梯形图程序 I/O 分配如表 3-5 所示。

表 3-5 计时器指令应用梯形图程序 I/O 分配

| 序号 | 变量名称 | 变量功能 | 变量地址 | 变量对应硬件模块位置 |
|------|---------|---------|---------|-------------------|
| 1 | Start | 开始按钮 | % I00081 | IC694ACC300 第一个拨杆 |
| 2 | Stop | 停止按钮 | % I00082 | IC694ACC300 第二个拨杆 |
| 3 | Q1 | Q1 指示灯 | % Q00001 | IC694MDL754 第一个输出灯 |
| 4 | T1 | 计时器 | % R00001 | 占用 3 个连续的 R 寄存器变量 |

📖 **相关知识**

GE PAC 计时器和其他类型的 PLC 计时器类型相同，分为三种类型，延时计时器、保持延时计时器和断电延时计时器。

（1）梯形图及工作时序如图 3 - 29 所示。

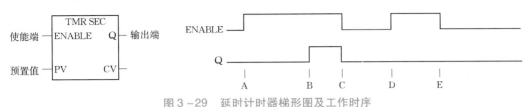

图 3 - 29　延时计时器梯形图及工作时序

（2）工作原理：

A = 当 ENABLE 端由 "0→1" 时，延时计时器开始计时。

B = 当计时终止时，输出端置 "1"，延时计时器继续计时。

C = 当 ENABLE 为 "1→0" 时，输出端置 "0"，延时计时器停止计时当前值被清零。

D = 当 ENABLE 端为 "0→1" 时，计时器开始计时。

E = 当前值没有达到预置值时，ENABLE 端由 "1→0"，输出端仍旧为零，延时计时器停止计时，当前值被清零。

注：每一个延时计时器需占用 3 个连续的寄存器变量，定时器的时基、预设值、地址寄存器等信息如图 3 - 30 所示。

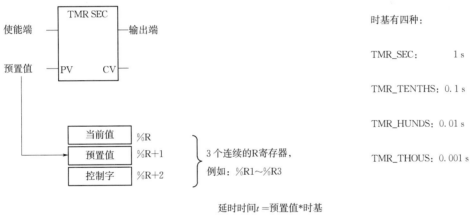

延时时间 $t$ =预置值*时基

图 3 - 30　延时计时器信息图

🖊️任务示范

1. 程序编写

打开 Proficy Machine Edition 软件主程序，项目新建、硬件组态和前面任务一样，这里不做详细介绍。在 "MAIN（主程序）" 中输入梯形图程序，具体程序如图 3 - 31 所示。但此程序不唯一。

2. 给计时器管理变量

其他变量可以直接在对应的触点上填写。

双击延时计时器，在弹出的对话框中，输入计时器的名称 "T1"，单击 "OK" 按钮，如图 3 - 32 所示。

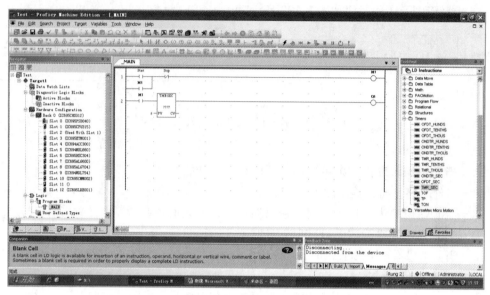

图 3-31　梯形图程序

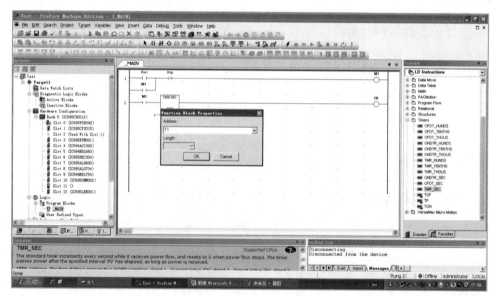

图 3-32　计时器关联变量

变量管理完成的梯形图程序如图 3-33 所示。

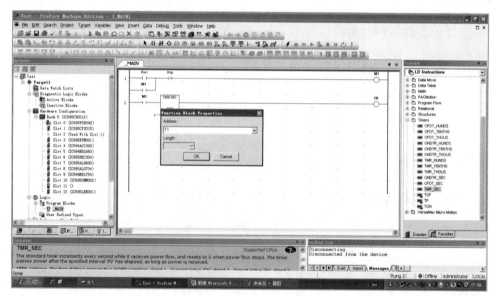

图 3-33　完成的梯形图

3. 变量关联地址

按照前面任务中地址关联的方法给每一个变量关联地址。定义开始按钮是模拟开关量输入模块 IC694ACC300 上面的第一个拨杆，通过查看 IC694ACC300 的硬件组态地址属性，发现其开始地址是%00081，所以，模拟开关量输入模块 IC694ACC300 上面的第一个拨杆的地址就是%00081，其他拨杆的地址以此类推，如图 3 – 34 所示。

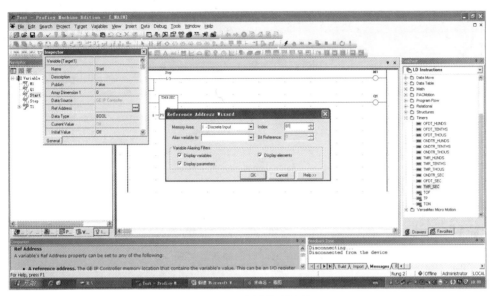

图 3 – 34  变量关联地址

停止按钮 Stop 变量地址关联参考开始按钮地址关联，此处不做详细讲解。

中间继电器 M 点的地址关联在存储区域选择时，选择 "M – Discrete Internal"，如图 3 – 35所示。

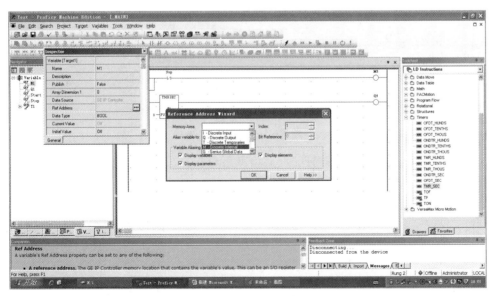

图 3 – 35  M 点关联变量

计时器地址关联时在弹出的参考地址向导对话框中，单击"Memory Area（存储区）"对应的下拉按钮▾，单击滑动块，双击"R – Register（R 寄存器）"，"Index"对应的输入框中默认地址是"1"，不用修改，变量关联完毕，如图 3 – 36 所示。

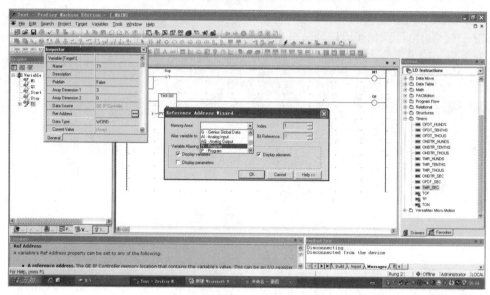

图 3 – 36　计时器变量关联

T1 计时器关联的变量是% R00001，那么 T1 计时器就会占用联系 3 个 R 变量，即% R00002 和% R00003，如果再新建计时器，那么给计时器变量赋值从% R00004 开始。

### 4. 验证、下载运行

单击导航视图 Project 标签，切换到项目视图，鼠标左键单击工具栏上的验证✓图标，等待几秒后，如果没有错误，单击 图标，单击 ，单击下载并运行 图标，下载完成后的梯形图如图 3 – 37 所示。

图 3 – 37　下载完成后

按下开始按钮（模块上是拨杆，向右拨动后再拨回去，表示按钮按下后手抬起来），计时器开始计时，梯形图如图 3 – 38 所示。

图 3 – 38　按下开始按钮后梯形图程序

当时间达到题目要求的 8 s 时，Q1 灯亮，梯形图程序如图 3-39 所示。

图 3-39　计时到，Q1 灯亮

**能力实训**

任务：计时器指令应用。

按下开始按钮，第一个电动机起动，5 s 后，第二个电动机起动，10 s 后第三个电动机启动。按下停止按钮，3 个电动机同时停止。

要求：

（1）新建项目。

（2）硬件组态。

（3）合理分配 I/O 地址。

（4）梯形图编写。

（5）程序下载运行调试。

（6）在 DEMO 箱上进行操作演示。

**拓展提高**

### 1. 保持延时计时器

（1）梯形图及工作时序如图 3-40 所示。

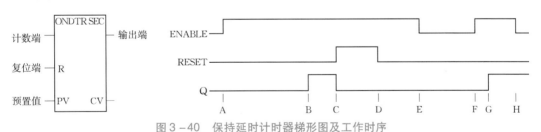

图 3-40　保持延时计时器梯形图及工作时序

（2）工作原理：

A = 当 ENABLE 端为"0→1"时，计时器开始计时。

B = 当计时终止，输出端置"1"，计时器继续计时。

C = 当复位端为"0→1"时，输出端被清零，计时值被复位。

D = 当复位端为"1→0"时，计时器重新开始计时。

E = 当 ENABLE 端为"1→0"时，计时器停止计时但当前值被保留。

F = 当 ENABLE 端再为"0→1"时，计时器从前一次保留值开始计时。

G＝当计时计到后输出端置"1"，计时器继续计时，直到使能端为"0"并复位端为"1"，或当前值达到最大值。

H＝当 ENABLE 端为"1→0"时，计时器停止计时但输出端仍旧为"1"。

注：每一个计时器需占用 3 个连续的寄存器变量，时基和延时计时器一样。

2. 断电延时计时器

（1）梯形图及工作时序如图 3 – 41 所示。

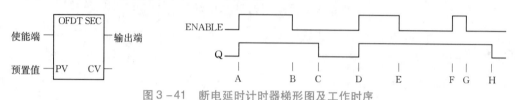

图 3 – 41　断电延时计时器梯形图及工作时序

（2）工作原理：

A＝当 ENABLE 端为"0→1"时，输出端也为"0→1"。

B＝当 ENABLE 端为"1→0"时，计时器开始计时，输出端继续为"1"。

C＝当前值达到预置值时；输出端为"1→0"，计时器停止计时。

D＝当 ENABLE 端为"0→1"时，计时器复位当前值被清零。

E＝当 ENABLE 端为"1→0"；计时器开始计时。

F＝当 ENABLE 为"0→1"时，且当前值不等于预置值时，计时器复位当前值被清零。

G＝当 ENABLE 端再为"0→1"时，计时器开始计时。

H＝当前值达到预置值时；输出端为"1→0"，计时器停止计时。

注：每一个计时器需占用 3 个连续的寄存器变量，时基和延时计时器一样。

**思考练习**

（1）GE PAC 中计时器分几种类型？分别是什么？

（2）GE PAC 中计时器时基有几种？分别是什么？

（3）延时计时器梯形图中，各端口的含义是什么？

（4）延时计时器的工作原理是什么？

（5）保持延时计时器的梯形图符号是什么？各个端口代表的含义是什么？

（6）断电延时计时器的梯形图符号是什么？

（7）如何给 GE PAC 中计时器变量赋值，赋值过程中应注意什么？

# 任务 ③ 计数器指令应用

### 任务目标

掌握计数器在梯形图中的应用。

### 任务描述

按下开始按钮三次后，Q1 指示灯亮，任何时刻按下复位按钮，Q1 指示灯灭，编写梯形图程序，实现该功能。

### 任务分析

通过任务描述分析得出计数器的 I/O 分配如表 3-6 所示。

表 3-6 I/O 分配

| 序号 | 变量名称 | 变量功能 | 变量地址 | 变量对应硬件模块位置 |
|------|---------|---------|---------|---------------------|
| 1 | Start | 开始按钮 | % I00081 | IC694ACC300 第一个拨杆 |
| 2 | Reset | 复位按钮 | % I00083 | IC694ACC300 第二个拨杆 |
| 3 | Q1 | Q1 指示灯 | % Q00001 | IC694MDL754 第一个输出灯 |
| 4 | C1 | 计数器 | % R00004 | 占用 3 个连续的 R 寄存器变量 |

### 相关知识

GE PAC 的计数器有两种：加计数器和减计数器。

（1）加计数器梯形图如图 3-42 所示。

（2）工作原理：当计数端输入为 "0→1"（脉冲信号），当前值加 "1"，当前值等于预置值时，输出端置 "1"。只要当前值大于或等于预置值，输出端始终为 "1"，而且该输出端带有断电自保功能，在上电时不自动初始化。

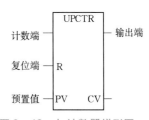

图 3-42 加计数器梯形图

该计数器是复位优先的计数器当复位端为"1"时（无须上升沿跃变），当前值与预置值均被清零，如有输出，也被清零。

另该计数器计数范围为 0 ～ +32 767。

注：每一个计时器需占用 3 个连续的寄存器变量。计数端的输入信号一定要是脉冲信号，否则将会屏蔽下一次计数。

### 任务示范

1. 编写梯形图程序

打开 Proficy Machine Edition 软件，在导航视图中单击 Project 标签，切换到项目视图。打开主程序 MAIN，输入梯形图程序，如图 3 – 43 所示。

图 3 – 43　梯形图程序

2. 变量地址关联

在导航视图中鼠标左键单击"Variables（变量）"标签，切换到变量视图，此时，变量列表中已经建立了所需的变量。按照"计数器指令应用梯形图程序 I/O 分配"表中变量的分配的地址，给每一个变量关联地址。

3. 验证、下载运行

单击导航视图 Project 标签，切换到项目视图，单击工具栏上的验证图标✓，等待几秒后，如果没有错误，单击⚡图标，单击✋，单击下载并运行图标➡，下载完成后的梯形图如图 3 – 44 所示。

图 3 – 44　下载完成后梯形图

按下开始按钮，计数器计数一次，如图 3 – 45 所示。

图 3 – 45　计数一次梯形图

按下开始按钮三次后，计数器计数三次，此时 Q1 等亮，如图 3 – 46 所示。

按下复位按钮后，计数器清零，Q1 灯灭，如图 3 – 47 所示。

图 3-46 计数次数到，Q1 灯亮梯形图

图 3-47 按下复位按钮后，计数器清零梯形图

**能力实训**

任务：计时器与计数器指令综合应用。

按钮控制电动机，按下开始按钮电动机正转 5 s→停止 3 s→反转 5 s→停止 3 s→并自动循环运行，循环 6 次电动机停止，其中任意时刻按下停止按钮电动机停止运行，编程实现上述功能。

要求：

（1）新建项目。

（2）硬件组态。

（3）合理分配 I/O 地址。

（4）梯形图编写。

（5）程序下载运行调试。

（6）在 DEMO 箱上进行操作演示。

**拓展提高**

（1）减计数器梯形图如图 3-48 所示。

（2）工作原理：

当计数端输入为"0→1"（脉冲信号），前值减"1"，当前值等于"0"时，输出端置"1"。只要当前值小于或等于预置值，输出端始终为"1"，而且该输出端带有断电自保功能，在上电时不自动初始化。

该计数器是复位优先的计数器，当复位端为"1"时（无须上升沿跃变），当前值被置成预置值，如有输出，也被清零。

该计数器的最小预置值为"0"，最大预置值为"+32，767"，最小当前值为"-32，767"。

注：每一个计数器需占用 3 个连续的寄存器变量。

计数端的输入信号一定要是脉冲信号，否则将会屏蔽下一次计数。

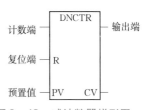

图 3-48 减计数器梯形图

**思考练习**

（1）GE PAC 中计数器分为几种类型？分别是什么？

（2）GE PAC 中计数器时基有几种？分别是什么？

（3）加计数器梯形图中，各端口的含义是什么？

（4）加计数器的工作原理是什么？

（5）减计数器的梯形图符号是什么？各个端口代表的含义是什么？

（6）加计数器的工作原理是什么？

（7）如何给 GE PAC 中计时器变量赋值？赋值过程中注意什么？

# 任务 ④ 温度和电流模拟量应用

## 任务目标

- 能够对模拟量模块进行参数设置。
- 能够使用数据窗口观察数据变化。

## 任务描述

GE 智能平台大学计划标准 PAC 培训系统 DEMO 箱提供了一个 RTD（热电阻）类型的模拟量输入信号。对模拟量输入模块 IC695ALG600 进行通道参数设置，新建一个 Real 型的 RTD 变量，用来表示 RTD 的温度值，下载运行，添加数据窗口，观察输入模拟量值的变化。

## 任务分析

模拟量输入模块 IC695ALG600 是一个 8 个通道的输入模块，8 个通道代表可以有 8 个模拟量的输入，标准 PAC 培训系统 DEMO 箱上的 RTD（热电阻）配置在模拟量输入模块的第 2 个通道上，也就是 Channel2，第 1 个通道配置的是"Thermocouple（热电偶）"。查看硬件组态中模拟量输入模块 IC695ALG600 的开始地址是% AI00057，即第 1 个通道的变量对应的地址是% AI00057。对于模拟量来说，每一个变量占用 2 个字长度。所以，第 2 个通道的地址是% AI00059，给 RTD 变量关联地址的是% AI00059。

## 相关知识

热电阻各型号具体参数如图 3-49 所示。

## 任务示范

1. 设置通道属性

展开 Hardware Configuration（硬件配置），双击 Slot7（第 7 槽 IC695ALG600）模拟量

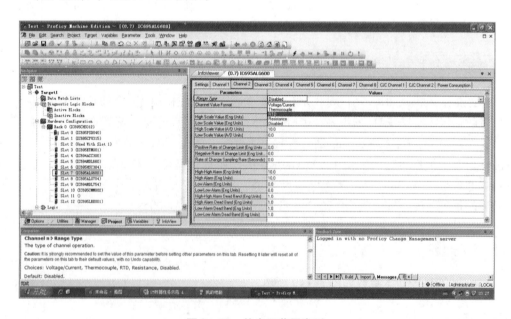

Range choices available when Range Type is set to RTD, and corresponding A/D user limits:

| Choice | A/D User Limits |
|---|---|
| Pt 385, 100 ohms | -200.0 through 850.0 C, and -328.0 through 1562.0 F |
| Pt 385, 200 ohms | -200.0 through 850.0 C, and -328.0 through 1562.0 F |
| Pt 385, 500 ohms | -200.0 through 850.0 C, and -328.0 through 1562.0 F |
| Pt 385, 1000 ohms | -200.0 through 850.0 C, and -328.0 through 1562.0 F |
| Pt 3916, 100 ohms | -200.0 through 630.0 C, and -328.0 through 1166.0 F |
| Pt 3916, 200 ohms | -200.0 through 630.0 C, and -328.0 through 1166.0 F |
| Pt 3916, 500 ohms | -200.0 through 630.0 C, and -328.0 through 1166.0 F |
| Pt 3916, 1000 ohms | -200.0 through 630.0 C, and -328.0 through 1166.0 F |
| Ni 672, 120 ohms | -80.0 through 260.0 C, and -112.0 through 500.0 F |
| Ni 618, 100 ohms | -100.0 through 260.0 C, and -148.0 through 500.0 F |
| Ni 618, 200 ohms | -100.0 through 260.0 C, and -148.0 through 500.0 F |
| Ni 618, 500 ohms | -100.0 through 260.0 C, and -148.0 through 500.0 F |
| Ni 618, 1000 ohms | -100.0 through 260.0 C, and -148.0 through 500.0 F |
| NiFe 518, 604 ohms | -100.0 through 200.0 C, and -148.0 through 392.0 F |
| Cu 426, 10 ohms | -100.0 through 260.0 C, and -148.0 through 500.0 F |

图 3 - 49　热电阻各型号具体参数

输入模块，在右边模拟量输入模块 IC695ALG600 设置选项，鼠标单击第 2 个选项 Chanel2（第 2 通道），在 "Range Type（范围类型）" 中单击下拉按钮，在下拉列表中选择 "RTD（热电阻）"，如图 3 - 50 所示。

图 3 - 50　热电阻范围类型

在 "Range（范围）" 中单击下拉按钮，在弹出的下拉列表中选择 "Platinum 385，100 ohms（铂 385，100 Ω）"，如图 3 - 51 所示。

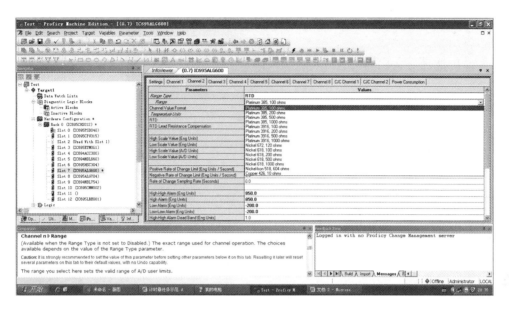

图3 –51 热电阻范围

在"RTD（热电阻）"中单击下拉按钮 ▼ ，在弹出的下拉列表中选择"RTD 3 Wire（三线制 RTD）"，如图3 –52 所示。

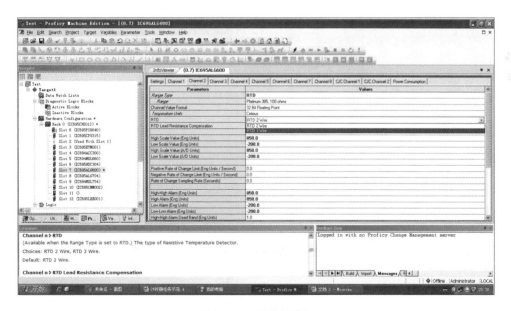

图3 –52 图线制选择

## 2. 新建变量

在导航视图中，单击"Variables（变量）"标签，建立一个"REAL（实）"类型变量，如图3 –53 所示。

修改变量属性，变量命名为"RTD"，如图3 –54 所示。

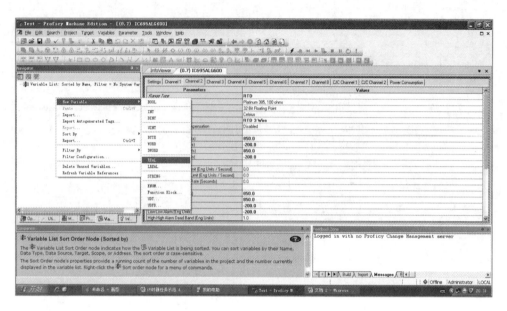

图 3-53　建立变量

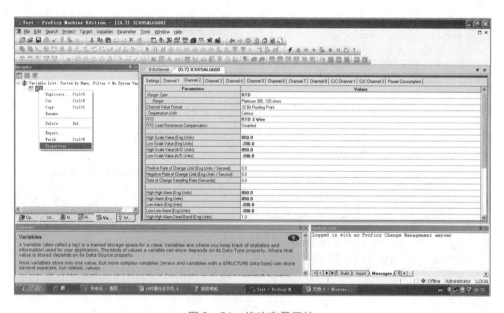

图 3-54　修改变量属性

在弹出的 "Reference Address Wizard（参考地址向导）" 对话框中，单击 "Memory Area（存储区）" 对应中的下拉按钮 ▼，在下拉列表中选择 "AI - Analog Input（模拟量输入）"，如图 3-55 所示。

模拟量输入模块 IC695ALG600 的起始地址为% AI00057，即 Chanel1（通道 1）的地址是% AI00057，每个通道占 2 个字，所以，Chanel2（通道 2）的地址为% AI00059，在 "Index（索引）" 对应的输入框中输入 "59"，如图 3-56 所示。

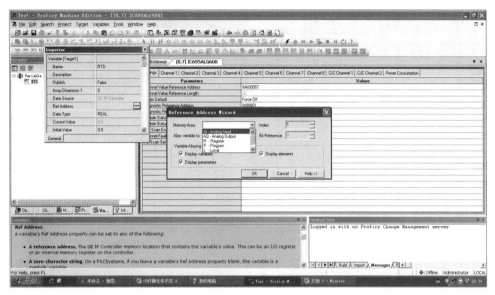

图 3 – 55　RTD 变量类型选择

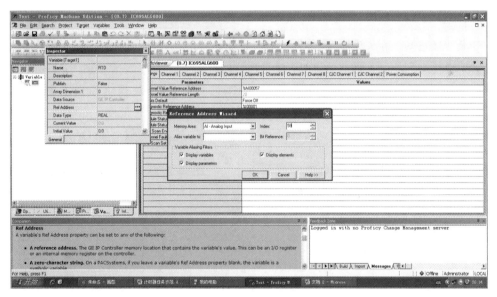

图 3 – 56　关联变量地址

**3. 验证，下载运行**

单击导航视图 Project 标签，切换到项目视图，单击工具栏上的验证✔图标，等待几秒后，如果没有错误，单击⚡图标，单击🖐，单击下载并运行图标⏩。

**4. 添加数据监视窗口**

双击工具栏上的⬛，添加"Data Watch（数据监视）"窗口，"Data Watch（数据监视）"窗口出现在编辑环境下面，如图 3 – 57 所示。

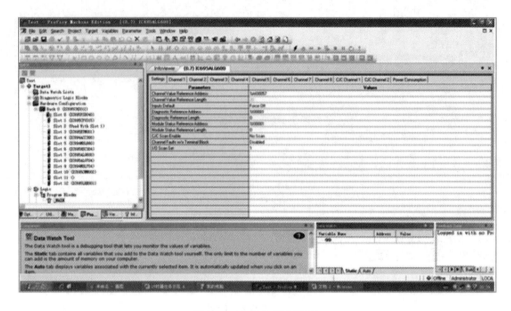

图 3 - 57　添加数据窗口

## 5. 观察数据

双击"Data Watch（数据窗口）"中"Variable Name（变量名称）"下面编辑框，光标在变量编辑框中闪烁，如图 3 - 58 所示。

在输入框中输入要监控的温度值变量"RTD"，输入完毕后按【Enter】键，"RTD"温度值出现在"Value"对应的显示框下面，显示"27.53479"，如图 3 - 59 所示。

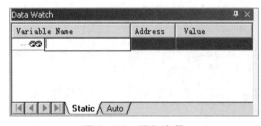

图 3 - 58　添加变量

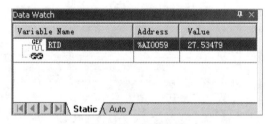

图 3 - 59　观察变量

用手握住 DEMO 箱上的 RTD 热电阻，几秒后观察 RTD 的值，发现 RTD 的数值变大，显示"29.05078"，如图 3 - 60 所示。

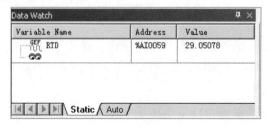

图 3 - 60　变量变化

任务：模拟量指令应用。

要求：

（1）新建项目。

（2）硬件组态。

（3）模拟量模块参数设置。

（4）新建变量。

（5）添加数据窗口。

（6）在 DEMO 箱上对 RTD 热电阻进行操作演示，观察数据变化。

### 1. 热电偶

DEMO 箱上模拟量输入模块 IC695ALG600 的第一通道配置了一个热电偶，按照热电阻的设置方法对模拟量输入模块进行参数设置，新建变量，下载运行程序后，在数据窗口观察值的变化。

（1）设置通道属性。单击导航视图中的"Project（标签）"，切换到项目视图，双击模拟模块 IC695ALG600，在右侧模块详细信息视图中，单击"Channel1（通道1）"，单击"Range Type（范围类型）"对应的下拉按钮，在下拉列表中选择"Thermocouple（热电偶）"，如图 3-61 所示。

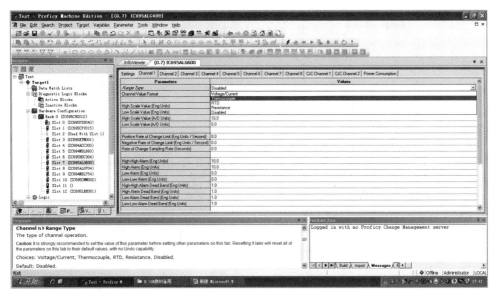

图 3-61　热电偶范围类型

单击"Range（范围）"对应的下拉按钮，在弹出的下拉列表框中选择"E"，如图 3-62所示。

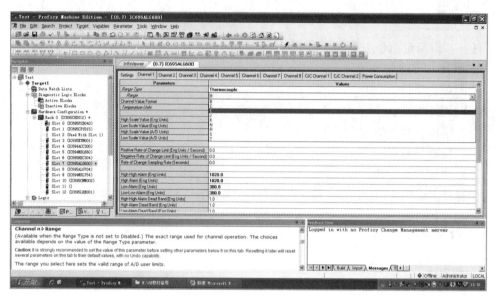

图3-62　热电偶范围选择

（2）新建变量。单击导航视图中的"Variables"标签，切换到变量视图。新建一个"REAL（实）"类型变量，如图3-63所示。

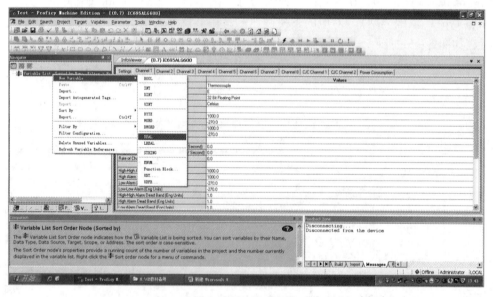

图3-63　新建变量

给变量"RDO（热电偶）"关联地址，单击"Memory Area（存储区）"对应的下拉按钮 ，在下拉列表中选择"AI - Analog Input（模拟量输入）"，在"Index（索引）"对应的输入框中输入"57"，如图3-64所示。

（3）验证，下载运行。单击导航视图中的"Project"标签，切换到项目视图。

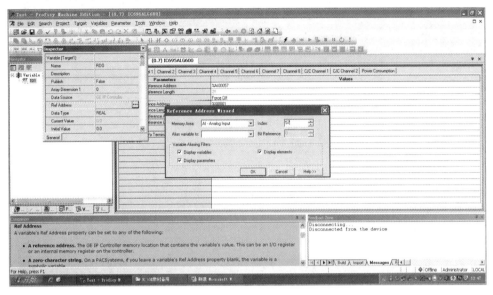

图 3-64　热电偶变量关联

单击工具栏上的验证图标✓，等待几秒后，如果没有错误，单击⚡图标，单击✋图标，单击下载并运行图标▶。

（4）添加数据监视窗口。鼠标左键双击工具栏上的🔢，添加"Data Watch（数据监视）"窗口，"Data Watch（数据监视）"窗口出现在编辑环境下面，双击"Variable Name（变量名称）"下面的编辑框，输入"RDO"，如图 3-65 所示。

输入完毕后，按【Enter】键，在数据窗口"Value（值）"对应的列表中显示"RDO"的值是"22.47729"。热电偶能检测的温度范围更广，如图 3-66 所示。

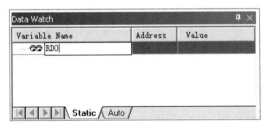

图 3-65　添加变量

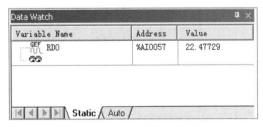

图 3-66　热电偶温度值

## 2. 电流

DEMO 箱上模拟量输入模块 IC695ALG600 的第 3 通道配置了一个输入电流，按照热电阻的设置方法对模拟量输入模块进行参数设置，新建变量，下载运行程序后，在数据窗口观察值的变化。

（1）设置通道属性。单击"Project"标签，切换到项目视图。双击模拟量输入模块 IC695ALG600，在右侧的视图中，选择 Channel3（通道 3），单击"Range Tpye"对应的下拉按钮▼，选择"Voltage/Current（电源/电流）"，如图 3-67 所示。

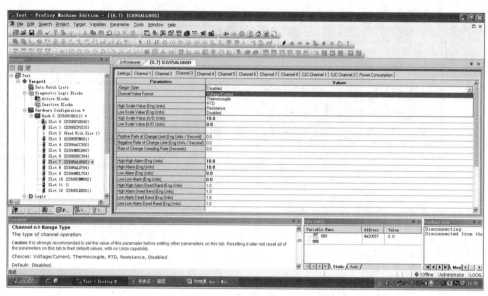

图 3-67　电流范围类型

单击"Range"对应的下拉按钮，选择"4mA to 20mA（4～20 mA）"如图 3-68 所示。

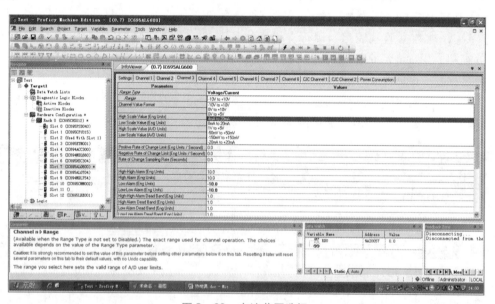

图 3-68　电流范围选择

（2）新建变量。单击"Variables"标签，切换到变量视图。新建一个"REAL（实）"类型变量"AI"，变量地址关联% AI0061，如图 3-69 所示。

（3）验证，下载运行。单击导航视图中的"Project"标签，切换到项目视图。

单击工具栏中的验证图标✓，等待几秒后，如果没有错误，鼠标左键单击⚡图标，鼠标左键单击✋，鼠标左键单击下载并运行图标▶。

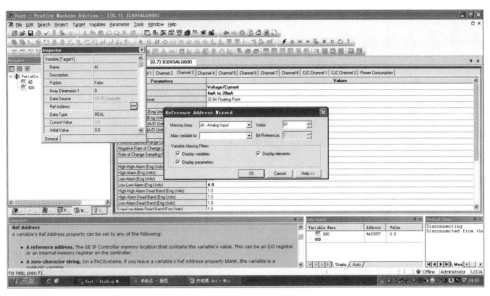

图 3-69　电流变量关联

（4）添加数据监视窗口。双击工具栏上的，添加"Data Watch（数据监视）"窗口，"Data Watch（数据监视）"窗口出现在编辑环境下面，双击"Variable Name（变量名称）"下面的编辑框，输入"AI"，如图3-70所示。

输入完毕后，按【Enter】键，在数据窗口"Value（值）"对应的列表中显示"AI"的值是"2.765692"，如图3-71所示。

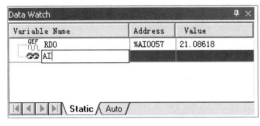

图 3-70　添加变量

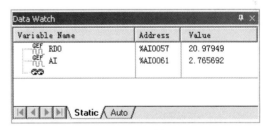

图 3-71　AI 值显示

用手顺时针方向旋转"Analog Input（模拟量输入）"旋钮，观察值的变化，如图3-72所示。

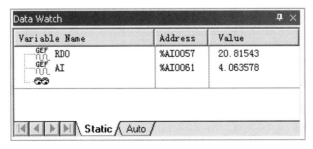

图 3-72　AI 值变化

思考练习

（1）本任务中的热电阻的测温范围是多少？

（2）本任务中的热电偶的测温范围是多少？

（3）如何确定模拟量输入模块 IC695ALG600 中通道变量值的地址？

（4）模拟量输入模块 IC695ALG600 中可以连接几个输入模拟量？

（5）查阅资料，说明热电偶和热电阻的区别。

# 任务 ⑤

# 项目备份、删除与导入

## 任务目标

- 能够对项目进行备份。
- 能够删除不需要的项目。
- 能够导入已经完成的项目。

## 任务描述

在 Proficy Machine Edition 软件编辑环境中，对已经完成的项目进行备份，删除不需要的项目，导入一个新的项目。

## 任务分析

项目完成之后要进行备份，所以要掌握项目备份的方法。当一个项目不需要的时候，要进行删除。为了节省开发周期，需要把之前完成了一部分功能的项目导入新的环境中，进而在原有的基础上继续开发，这时需要导入项目。例如，我们做的每一个任务，对于硬件组态都是相同的，就不需要每次都新建项目，设置硬件组态，进行软件编程，我们直接把之前硬件组态设置好的项目导入，直接开始软件编程，这样可以节省时间。

## 相关知识

**Manager（管理）标签**

该标签对项目进行管理。在备份一个项目的时候，一定要关闭这个项目才能进行备份，否则右击项目，在弹出的对话框中，"Save and Back Up"选项是灰色的，只有关闭项目后才可以进行备份，管理标签视图如图3 - 73 所示。

## 任务示范

1. 项目备份

关闭程序，单击导航视图中的"Manager（管理）"标签，切换到管理视图，鼠单击要

图 3 - 73　Manager（管理）标签

备份的项目"Test"，在弹出的对话框中，选择"Save And Back Up（保存并备份）"，备份选择的项目，如图 3 - 74 所示。

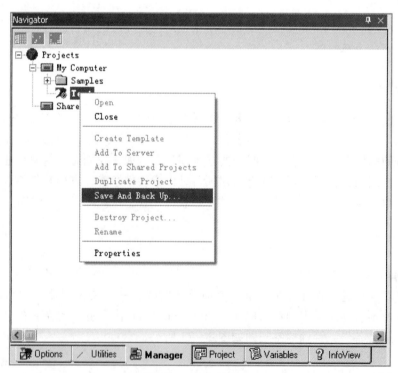

图 3 - 74　备份项目

在弹出的"Save And Back Up"对话框中，单击"保存"对应的下拉按钮▼，选择保存路径，单击"保存"按钮，项目被保存备份，如图 3 - 75 所示。

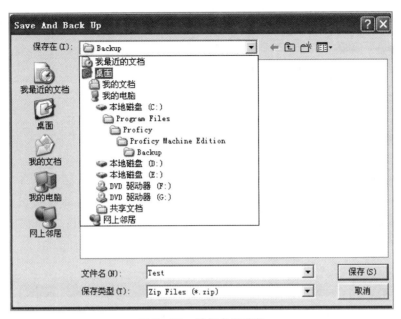

图3-75 选择备份路径

### 2. 删除项目

在 Proficy Machine Edition 软件环境中，单击导航视图中的"Project"标签，切换到项目视图，右击要删除的项目，在弹出的列表框中，选择"Close（关闭）"，关闭项目，如图3-76所示。

图3-76 关闭项目

再次右击要删除的项目，在弹出列表框中，选择"Destroy Project（破坏项目）"，如图3-77所示。

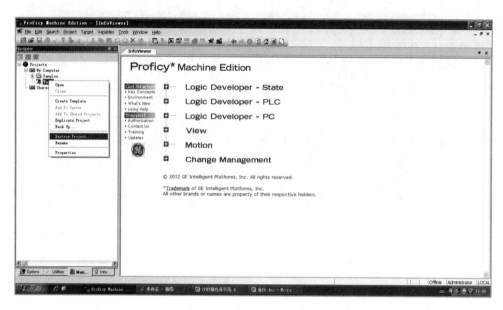

图 3 – 77　删除项目

弹出"Destroy"对话框，询问是否想删除项目，单击"确定"按钮，项目被删除，如图 3 – 78 所示。

图 3 – 78　删除项目提示

3. 项目导入

单击"File"→"Restore Project（恢复项目）"命令，如图 3 – 79 所示。

在弹出的"Restore（恢复）"对话框中，单击要恢复的项目文件"Test"，单击"打开"按钮，项目将会被导入，如图 3 – 80 所示。

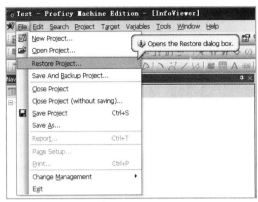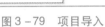

图 3-79　项目导入　　　　　　　　　　图 3-80　选择恢复的项目

能力实训

根据任务所学内容，完成项目备份、删除与导入，详细技能点如表3-7所示。

表 3-7　项目备份、删除与导入技能实训

| 序号 | 实训技能点 | 完成情况 | 备注 |
|---|---|---|---|
| 1 | 项目备份 | | |
| 2 | 项目删除 | | |
| 3 | 项目导入 | | |

思考练习

（1）项目保存和项目备份的区别是什么？

（2）如何对项目进行备份？

（3）在备份一个项目之前，要进行什么操作？

（4）怎么删除一个项目？

（5）在 Proficy Machine Edition 软件环境中，如何导入一个项目？

# 项目 4

# GE智能平台触摸屏与组态编程

 **知识目标**

- 了解触摸屏硬件结构。
- 了解触摸屏通信方式。
- 掌握触摸屏工具栏使用。
- 掌握添加画面对象。
- 掌握触摸屏画面对象属性设置。
- 掌握触摸屏画面对象变量关联。
- 掌握 PAC 与触摸屏通信方式及其设定。
- 掌握触摸屏与计算机通信方式及其设定。
- 掌握触摸屏仿真器使用

 **能力目标**

- 能够识读 GE 智能平台触摸屏型号。
- 能够概述触摸屏硬件结构。
- 能够按照 GE 智能平台触摸屏型号完成项目组态。
- 能够设定触摸屏与计算机之间的 IP 地址。
- 能够完成画面颜色、字体字号等属性的设定。
- 能够在触摸屏中导入图片。
- 能够完成触摸屏简单程序编写。

**素质目标**

- 培养学生吃苦耐劳、爱岗敬业的精神。
- 树立诚实守信、求真务实的职业道德观念。
- 培养学生形成制度，养成习惯（企业 6S 管理之五——素养）。

# 任务 ① 认识GE智能平台触摸屏——Quick Panel View/Control

- 了解 GE 触摸屏 Quick Panel View/Control 采用的技术。
- 理解 GE 触摸屏 Quick Panel View/Control 硬件结构。
- 掌握 GE 触摸屏 Quick Panel Control 性能参数。
- 掌握 GE 触摸屏初始化设置。

**任务描述**

了解 GE 触摸屏 Quick Panel View/Control 技术及硬件结构，对 Quick Panel View/Control进行初始化设置、通信设置及备份。

**任务分析**

标准 PAC 培训系统中 QuickPanel View/Control 采用的是微软 Windows CE 5.0 操作系统，它是一个图形用户界面的完全 32 位的操作系统，是当今领先的嵌入式控制操作系统。熟悉 Windows 等操作系统的使用者来说，Windows CE 操作环境变得相对简单、易用，缩短了操作人员和开发人员的学习周期。

**相关知识**

### 1. QuickPanel View/Control 概述

GE 的触摸屏叫作 QuickPanel View/Control，传统意义上的触摸屏是 QuickPanel View，而 QuickPanel Control 除了有触摸屏的功能之外，还内置了一个 PLC，因此，可以实现监视和控制的功能。

Quick Panel Control 是一款将控制功能和人机界面功能捆绑在一起的产品。它的功能集成在热销的触摸屏和 Machine Edition 软件产品中。QuickPanel Control 集可视化和控制于一个平台，提供了灵活的、可伸缩的性能表现，并具有强大的联网、数据采集和报警等功能。这是一个完全的、安全的、适用于工业应用的系统，它内嵌了直观的基于微软 Windows CE 5.0 操作系统的软件。

由于 QuickPanel View/Control 采用的是微软 Windows CE 操作系统，因此它可以支持第三方软件运行在这样一个平台上，这样使得该操作系统更具吸引力。

QuickPanel View/Control 配有各种类型的存储器来满足甚至是最为苛刻的应用。一个 32 MB 的动态随机存储器（DRAM）分配给操作系统、对象存储单元和应用存储单元。一个 32 MB 或 64 MB 非易失性闪存（取决于购买的型号）作为虚拟的硬盘驱动器，被分配给操作系统和应用程序的进行长久信息存储。保持存储器有一个由电池支持的512 KB静态存储器（SRAM）来存储数据，保证重要数据即使在断电的情况下也不会丢失。

2. 触摸屏 IC754CSL06CTD 性能参数

GE 智能平台大学计划标准 PAC 培训系统 DEMO 箱配置了一块 6 英寸 QuickPanel Control 触摸屏，是为最大限度的灵活性而设计的多合一微型计算机。基于先进的 Intel 中央微处理器，将多种 I/O 选项结合到一个操作员接口上。通过选择这些标准接口和扩展总线，可以将它与大多数的工业设备连接。6 英寸 QuickPanel Control 触摸屏 IC754CSL06CTD 性能参数如表 4 - 1 所示。

表 4 - 1　6 英寸 QuickPanel Control 触摸屏 IC754CSL06CTD 性能参数

| 模块 | IC754CSL06CTD |
| --- | --- |
| 产品名称 | QuickPanel Control 显示器，带 6 英寸 TFT 彩屏 |
| 分辨率 | 320 × 240 像素 |
| 存储器 | DRAM 32 MB |
| 用户存储器 | 可扩展至 64 MB 或者 96 MB |
| 串口 1 | RS - 232/RS - 485 |
| 串口 2 | RS - 232 |
| 以太网 | 10/100 Mbit/s |
| 通信扩展 | GE 90 - 30I/O，VersaMax 扩展 I/O，VersaMax Micro 扩展 I/O，DeviceNet 及 PROFIBUS |
| 输入电压 | 10.8 ~ 30.0 V DC |
| 功率 | 小于 24 W |

任务示范

1. QuickPanel View/Control 基本结构

6 英寸 QuickPanel View/Control 支持多种通信接口，包括一个 USB 接口、一个 RS 232 接口、一个 COM 口、一个以太网接口、一个 RS 232/485 接口等，为应用程序提供了极大的灵活性。6 英寸 QuickPanel View/Control 的结构及各端口和连接位置如图 4 - 1 所示。

2. QuickPanel View/ Control 设置

第一次启动 QuickPanel View/Control 时，需要先进行一些配置。

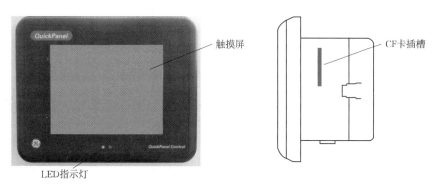

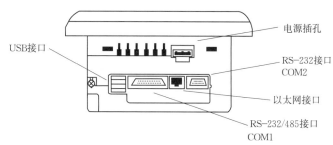

图4-1　6"QuickPanel View/Control 结构

（1）初始化。将24 V 电源适配器供上交流电，一旦上电，QuickPanel View/Control 就开始初始化，首先出现启动画面，如图4-2所示。

（2）通信设置。找一个网线，网线的一个端口插入 PACSystems RX3i 系统中以太网模块（ETM001）中的网络端口，另一个端口插入触摸屏的以太网端口。

（3）在 QuickPanel View/ Control 上查看/设置 IP 地址。QuickPanel View/ Control 与 PAC 进行通信，要在 QuickPanel View/ Control 上查看/设置 IP 地址，以保证这两者的 IP 在同一个网段内。

在 QuickPanel View/ Control 上查看/设置 IP 地址的步骤如下：

在触摸屏面板上单击"Star"→"Settings"→"Network and Dial-up Connections"，可以看到以太网接口的图标 LAN1，如图4-3所示。

图4-2　起动画面

图4-3　局域网

双击 LAN1 图标，弹出以太网 IP 地址设置窗口，如图 4-4 所示。

选中"Specify an IP Address（设定 IP 地址）"前面单选按钮，使其变黑。在"IP Address（IP 地址）"对应的输入栏中输入给触摸屏设定的 IP 地址，例如为：192.168.0.31，在"SubnetMask（子网掩码）"栏中输入：255.255.255.0，如图 4-5 所示。

图 4-4　触摸屏网络属性

图 4-5　触摸屏 IP 地址设置

单击对话框上面的"OK"按钮，关闭 IP 地址设置对话框。

3. 备份

修改 QuickPanel View/ Control 的 IP 地址之后，在桌面上双击"Backup"图标，弹出备份对话框提示"Completed Successfully（成功完成）"，即设置成功，如图 4-6 所示。

图 4-6　备份成功

能力实训

根据任务 1 所学内容，认识 GE 智能平台触摸屏——Quick Panel View/Control，详细技能点如表 4-2 所示。

表 4-2　项目备份、删除与导入技能实训

| 序号 | 实训技能点 | 完成情况 | 备注 |
| --- | --- | --- | --- |
| 1 | 触摸屏 Quick Panel View/Control 硬件结构 | | |
| 2 | 触摸屏 Quick Panel View/Control 功能 | | |
| 3 | 触摸屏 IC754CSL06CTD 主要性能参数 | | |
| 4 | 触摸屏 Quick Panel View/Control 初始化设置 | | |
| 5 | 触摸屏 Quick Panel View/Control 网络设置 | | |
| 6 | 触摸屏 Quick Panel View/Control 备份 | | |

**拓展提高**

触摸屏与 PAC 的通信

触摸屏可以通过以太网、串行接口或现场总线（Profibus/Device/Genius 总线）与 PLC 建立通信，触摸屏也可通过串口连接条码扫描器，触摸屏通信如图 4-7 所示。

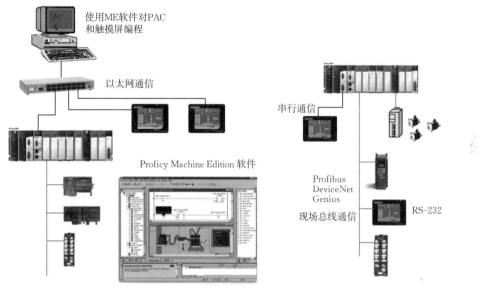

图 4-7　触摸屏与 PAC 的通信

**思考练习**

（1）GE 智能平台大学计划标准 PAC 培训系统 DEMO 箱配置了一块 6 英寸 QuickPanel Control 触摸屏型号是什么？

（2）概述触摸屏 Quick Panel View/Control 硬件结构。

（3）触摸屏 Quick Panel View/Control 有什么功能？

（4）第一次使用 Quick Panel View/Control 时，如何进行初始化设置？

（5）怎样对 Quick Panel View/Control 的 IP 地址进行设置？

（6）对触摸屏进行设置完成后，要进行什么操作才能确保设置成功。

# 任务 ② 触摸屏组态及工具栏介绍

**任务目标**

- 能够完成触摸屏 Quick Panel Control 组态。
- 能够使用触摸屏的常用工具。

**任务描述**

在项目中添加触摸屏对象（Target），添加人机界面（HMI），完成触摸屏组态，掌握触摸屏工具栏中常用工具的功能。

**任务分析**

GE 智能平台大学计划标准 PAC 培训系统 DEMO 箱除了配置 PAC RX3i 控制器外，还配置了一款 6 英寸 QuickPanel Control 触摸屏，该触摸屏具有控制功能。在 Proficy Machine Edition 软件中，触摸屏和 PAC 一样，都看作是一个对象（Target），所以在项目中要添加一个触摸屏，就需要添加一个触摸屏的对象（Target）。掌握触摸屏工具栏上的常用工具，才能进行触摸屏编程，为后续任务奠定基础。

**相关知识**

1. 触摸屏工具栏介绍

触摸屏工具栏如图 4-8 所示。

图 4-8 触摸屏工具栏

工具栏第一行的从左到右依次顺序为：

选择工具、矩形、圆角矩形、椭圆/圆、多边形、扇形、弧形、贝塞尔曲线、直线工具、折线、位图、图例板工具、文本工具、按钮、报警显示、趋势图、模拟仪表棒图。

工具栏第二行的从左到右依次顺序为：

指示灯、时间日期显示、历史曲线、索引图像显示、索引信息显示、触发消息显示、数字数据显示、文本数据显示、数字数据输入、组合框、列表框、选择开关、按钮，字按钮、转到按钮、打印。

2. 触摸屏常用工具

（1）选择工具：可以对选择的对象进行位置移动等操作。

（2）椭圆/圆：在面板上画一个椭圆或者圆形。

（3）文本工具：在面板上书写文字，例如写一行题目等，文本工具只能书写英文、拼音或者数字，不支持输入汉字。

（4）按钮：在面板上添加按钮对象。

（5）模拟仪表：在面板上以仪表的形式表示。

（6）数字数据显示：在面板上可以显示开关量、模拟量等数据。

**任务示范**

1. 添加 Quick Panel View/Control

右击项目"Test"，在弹出的菜单中选择"Add Target（添加对象）"→"Quikpanel View/Control"→"QP Control 6″TFT（IC754CXX06CXX）"命令，如图 4 – 9 所示。

图 4 – 9　选择触摸屏型号

2. 添加 HMI

在项目"Test"下面又新添加了一个"Target2"。命令右击"Target2"→"Add Component（添加组件）"→"HMI（人机界面）"命令，如图 4 – 10 所示。

在编辑器右侧出现绿色面板，触摸屏就添加完毕，如图 4 – 11 所示。

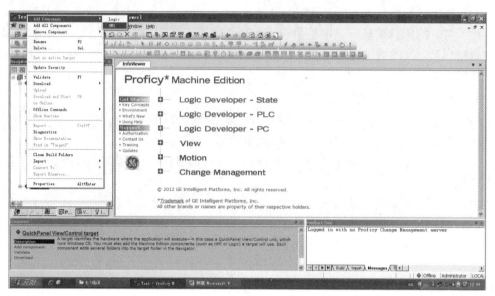

图 4 - 10　添加组件 HMI

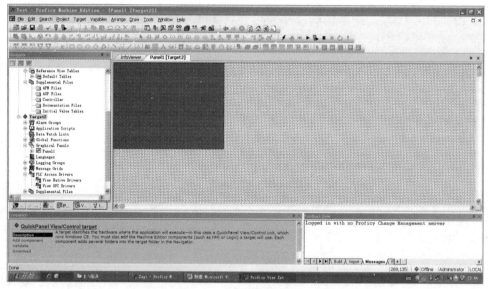

图 4 - 11　添加 HMI 完成

### 3. 通信设置

右击"View Native Drivers（查看本地驱动）"→"New Driver（新建驱动）"→"GE Intelligent Platform（GE 智能平台）"→"GE SRTP"命令，如图 4 - 12 所示。

右击"Devicel"，选择"Properties（属性）"命令，在弹出的"Inspector"对话框中，单击"PLC Target"对应下拉列表框的下拉按钮▾，选择"Target1"选项，如图 4 - 13 所示。

在"IP Address（IP 地址）"对应的输入栏中输入"Target1"的 IP 地址，例如为："192.168.0.21"按【Enter】键，如图 4 - 14 所示。

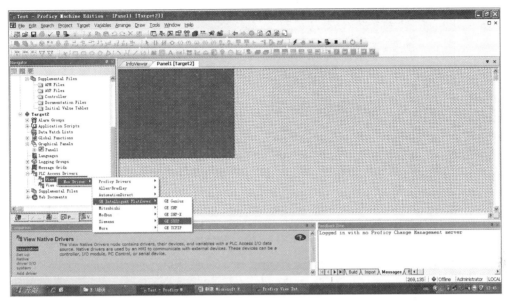

图 4 - 12　添加驱动

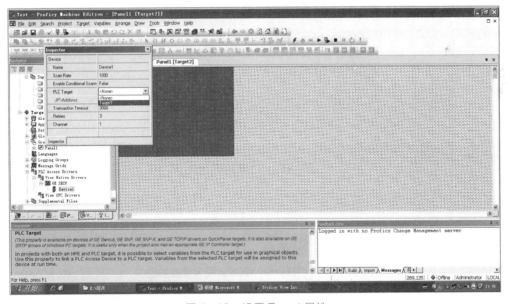

图 4 - 13　设置 Target 属性

**4. 设置 Target2 的网络属性**

　　和 Target1 相同，通过网络通信需要给 Target2 设置网络属性。右击"Target2"，在弹出的菜单中，选择"Properties（属性）"，弹出的"Inpector"对话框，单击红色的"Computer Address（触摸屏地址）"对应的输入框，输入触摸屏的 IP 地址，如"192.168.0.31"，输入完毕后按【Enter】键，如图 4 - 15 所示。

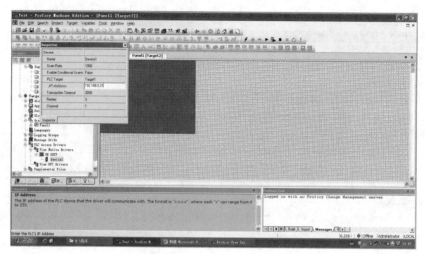

图 4 – 14　输入 IP 地址

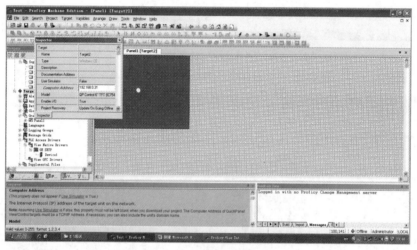

图 4 – 15　触摸屏 IP 地址

　　根据任务 2 所学内容，完成触摸屏组态，详细技能点如表 4 – 3 所示。

表 4 – 3　项目备份、删除与导入技能实训

| 序号 | 实训技能点 | 完成情况 | 备注 |
|---|---|---|---|
| 1 | 添加触摸屏 Quick Panel View/Control | | |
| 2 | 添加触摸屏 HMI | | |
| 3 | 触摸屏通信设置 | | |
| 4 | 设置 Target2 的网络属性 | | |
| 5 | 认识触摸屏工具栏 | | |

给触摸屏插入一张图片

单击工具栏上的"Bitmap Tool（位图工具）"，在弹出的"Load Image（导入图片）"对话框中，选择要导入的图片，单击图片名称"包轻工"，单击"打开"按钮，如图4-16所示。

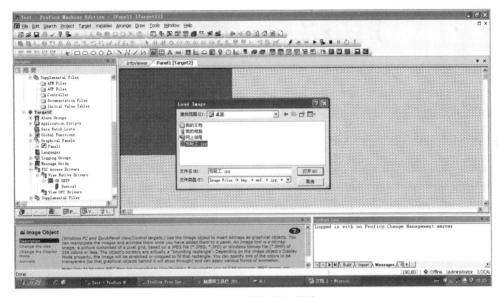

图4-16　选择插入图片

图片出现在面板上，如图4-17所示。

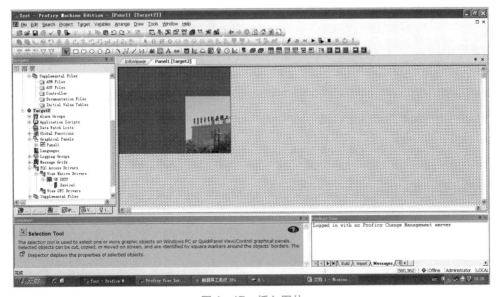

图4-17　插入图片

单击图片，拖动到合适位置，如图 4 – 18 所示。

图 4 – 18　调整图片位置

思考练习

（1）如何在一个项目中添加触摸屏？

（2）触摸屏组态的步骤有哪些？

（3）列举几种最常用的触摸屏工具栏上的工具。

（4）如何给触摸屏添加一张图片？

（5）如何更改触摸屏的背景颜色？

# 任务 ③ 按钮指示灯的触摸屏组态编程

## 任务目标

- 能够添加触摸屏面板画面对象。
- 能够对画面对象进行属性设置。
- 能够对画面对象变量关联。
- 触摸屏验证下载运行。

## 任务描述

在触摸屏上放置两个按钮，一个开始按钮，名称是 Start，一个停止按钮，按钮的名称是 Stop，放置一个圆形（表示灯），当按下开始按钮时，圆形的颜色变为绿色，当按下停止按钮时，圆形的颜色变为红色，编写程序，完成此功能。

## 任务分析

根据任务描述，两个按钮，一个圆形（灯），需要一个变量关联开始按钮、停止按钮和圆形。新建一个变量 M1，对按钮来说，当开始按钮按下时，M1 = 1（置位），当停止按钮按下时，M1 = 0（复位），对圆形（灯）来说，当 M1 = 1 时，圆形 = 绿色，当 M1 = 0 时，圆形 = 红色。

## 相关知识

触摸屏命令

触摸屏编程时，常用的命令如表4 - 4所示。

表4 - 4　触摸屏命令

| 序号 | 命令 | 含义 |
|------|------|------|
| 1 | Turn On（Set） | 置位功能，按钮按下后变量值为1，并且保持 |
| 2 | Turn Off（Reset） | 复位功能，按钮按下后变量值为0，并且保持 |

| 序号 | 命令 | 含义 |
|---|---|---|
| 3 | Momentary On | 按钮按下后变量值为1，抬起来变量值为后为0 |
| 4 | Momentary Off | 按钮按下后变量值为0，抬起来变量值为后为1 |
| 5 | Toggle | 按钮按下后变量值在1和0之间切换，即1变0，0变1 |

**任务示范**

### 1. 添加按钮、圆形

打开触摸屏面板，在工具栏上鼠标单击按钮工具，在面板上单击，按钮出现在面板上，如图4-19所示。

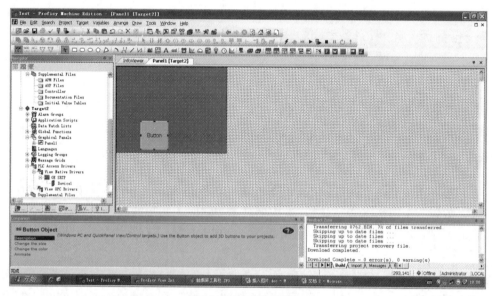

图4-19　添加按钮

再在面板上添加一个按钮，一个圆形，调整按钮和圆形大小和位置，完成如图4-20所示。

### 2. 新建一个变量M1

单击"Variables"标签，切换到变量视图，和前面任务新建变量雷同，右击空白处，选择"New Variables（新建变量）"→"BOOL（开关量）"命令，在弹出的新建变量对话框中，在变量对应的输入框中输入变量名称"M1"，其他默认选项，单击"OK"按钮，如图4-21所示。

### 3. 更改按钮对象名称属性

修改按钮的名称，右击第一个按钮，选择"Property（属性）"，在弹出的对话框中，找到"Label（标签）"对应的输入框，输入按钮的名称"Start"，如图4-22所示。

用同样的方法，修改第二个按钮的名称为"Stop"。

4. 给按钮，圆形关联变量

双击"Start"按钮，在弹出的对话框中，鼠标左键单击"Touch（触摸）"标签，单击"Enable Touch Action Animat（使触摸动作动画）"前面的☑，在对应的下拉列表中单击下拉按钮，选择"Turn On（Set）"，如图4-23所示。

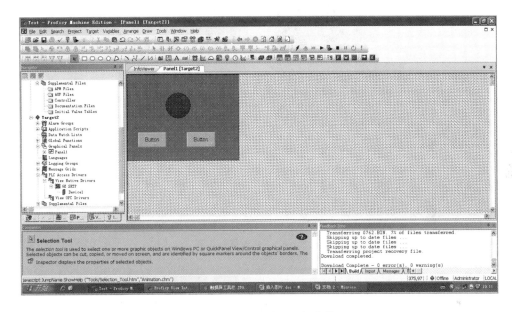

图4-20　按钮圆形添加完毕

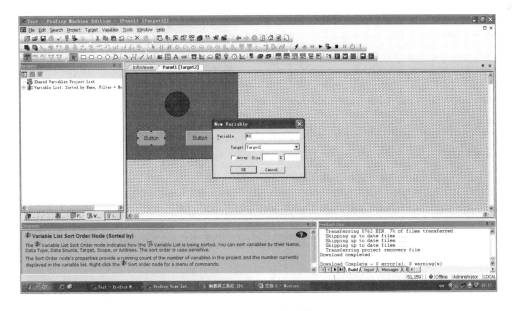

图4-21　新建变量

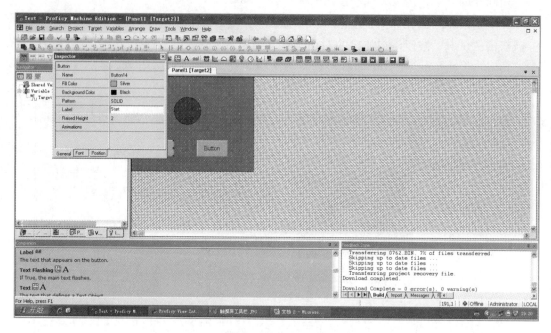

图 4 – 22　更改按钮名称

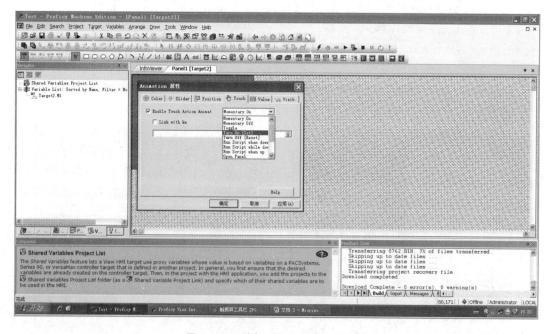

图 4 – 23　选择"Turn On（Set）"

单击🔧图标，在弹出的列表中，选择"Variables"命令，如图 4 – 24 所示。

在弹出的变量列表中，找到新建的变量"M1"，如图 4 – 25 所示。

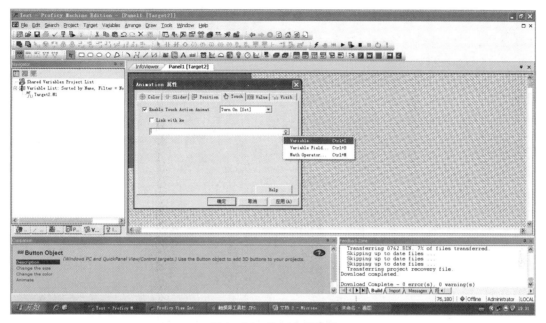

图4-24　按钮变量选择

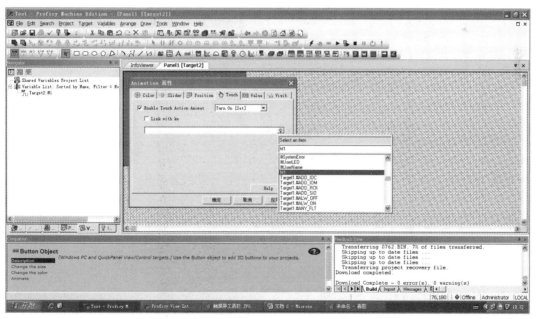

图4-25　变量关联

双击"M1"，单击"确定"按钮，如图4-26所示。

用同样的方法给"Stop"按钮关联变量，选择"Turn Off（Reset）"，变量关联"M1"，如图4-27所示。

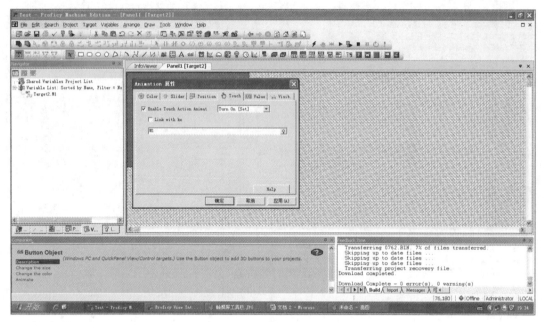

图 4-26　开始按钮变量关联完毕

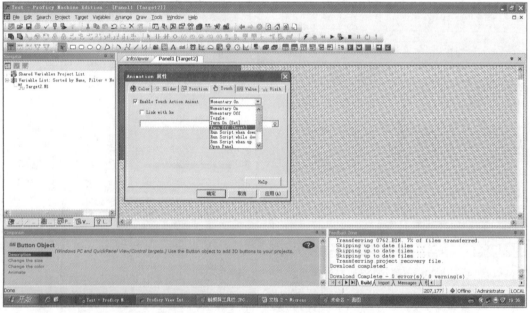

图 4-27　Stop 变量属性选择

　　双击圆形，在弹出的对话框中，选择"Color"标签，单击"Enable Fill Color Anim"，单击 图标，在弹出的列表中，选择"Variables"，在弹出的变量列表中，双击选择"M1"，单击"确定"按钮，如图 4-28 所示。

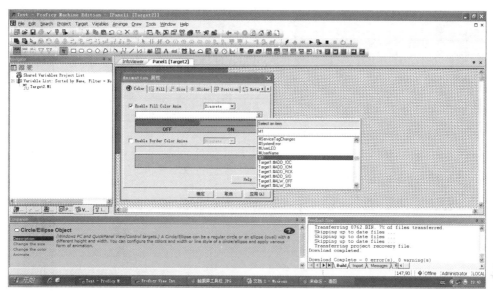

图4-28　圆形变量关联

单击工具栏上的✓图标，等待几秒验证完毕后，显示0个错误，0个警告，逻辑验证完成，如图4-29所示。

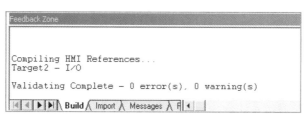

图4-29　验证没有错误

单击工具栏上在下载并运行图标，下载完成后，在触摸屏上单击"Start"按钮，圆形颜色变为绿色，如图4-30所示。单击"Stop"按钮，圆形变为红色，如图4-31所示。

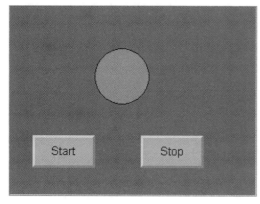

图4-30　按下Start按钮

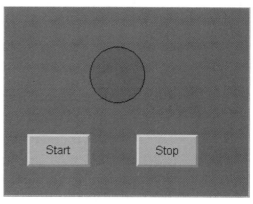

图4-31　按下Stopt按钮

**能力实训**

根据任务示范的步骤，完成任务 3 的功能，详细技能点如表 4 - 5 所示。

表 4 - 5　按钮指示灯技能实训

| 序号 | 实训技能点 | 完成情况 | 备注 |
|------|------------|----------|------|
| 1 | 触摸屏组态 | | |
| 2 | 添加按钮、圆形 | | |
| 3 | 新建触摸屏变量 | | |
| 4 | 更改按钮对象名称属性 | | |
| 5 | 按钮关联变量 | | |
| 6 | 圆形关联变量 | | |
| 7 | 项目验证、下载 | | |
| 8 | 效果演示 | | |

**拓展提高**

如何用一个按钮实现本任务的功能？即单击按钮时，圆形的颜色变为绿色，抬起按钮时，圆形的颜色变为红色。

**思考练习**

（1）HMI 的汉语意思是什么？

（2）Turn On 和 Momentary On 有何异同？

（3）Turn Off 和 Momentary Off 有何异同？

（4）解释 Toggle 命令的含义。

（5）触摸屏程序下载后，按钮或指示灯上面会出现红色小问号，无法运行如何处理？

## 电动机顺序启动控制的触摸屏组态编程

　**任务目标**

- 能够编写带触摸屏功能的梯形图程序。
- 能完成本任务的触摸屏编程。

**任务描述**

任务完成的功能满足下面 3 个条件。

条件 1：编写 PAC 程序

有 2 台电动机分别为 Motor1、Motor2，按下启动按钮延时 5 s 后第 1 台电动机 Motor1 启动，延时 10 s 后第 2 台 Motor2 启动，任何时候按下停止按钮，2 台电动机停止。

条件 2：触摸屏组态编程

在触摸屏面板上放置 2 个按钮，一个开始按钮，一个停止按钮，2 个圆形，分别表示电动机 1 和电动机 2，触摸屏组态编程后，面板上显示效果满足条件 1，电动机启动时圆形显示绿色，电机停止时，电机显示红色。

条件 3：PAC 程序与触摸屏组态结合

编写的 PAC 程序，要实现按下按钮（即 IC694ACC300 上面的拨杆开关）触摸屏面板上显示的效果和按下触摸屏上的按钮效果一致。

**任务分析**

根据任务分析，制定 I/O 地址分配表如表 4 - 6 所示。

表 4 - 6　电动机顺序启动控制程序 I/O 分配

| 序号 | 变量名称 | 变量功能 | 变量地址 | 变量对应硬件模块位置 |
|---|---|---|---|---|
| 输入 | Start | 启动按钮 | % I00081 | IC694ACC300 第 1 个拨杆 |
| | Stop | 停止按钮 | % I00082 | IC694ACC300 第 2 个拨杆 |

续上表

| 序号 | 变量名称 | 变量功能 | 变量地址 | 变量对应硬件模块位置 |
|---|---|---|---|---|
| 输入 | M_ Start | 触摸屏启动按钮 | % M00002 | 触摸屏上的"Start"按钮 |
| | M_ Stop | 触摸屏停止按钮 | % M00003 | 触摸屏上的"Stop"按钮 |
| 输出 | M1 | 中间变量 | % M00001 | |
| | Motor1 | 电动机 1 | % Q00001 | IC694MDL754 第 1 个输出灯 |
| | Motor2 | 电动机 2 | % Q00002 | IC694MDL754 第 2 个输出灯 |

相关知识

（1）常开触点，常闭触点、线圈指令的应用。
（2）定时器指令应用。
（3）触摸屏按钮，圆形等对象属性设置。
（4）触摸屏对象变量关联。
（5）PAC 与触摸屏编程。

任务示范

1. 激活操作对象

单击 PAC 对象"Target1"，在弹出的列表中选择"Set As Active Target（激活对象）"，如图 4 - 32 所示。

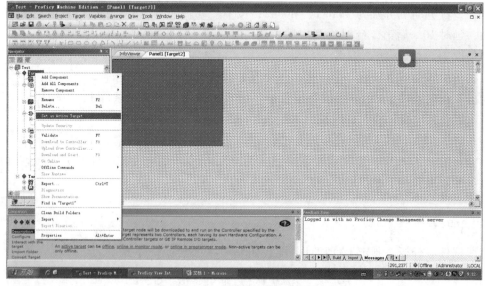

图 4 - 32　激活了"Target1"

如果激活了"Target1"，验证、在线、在线模式切换、下载运行等操作都是针对、Target1 的，如果想对"Target2"进行验证、下载运行等操作，必须要对"Target2"进行激活后操作才会有效。

## 2. 打开"Target1"的主程序

激活的"Target1"字体呈加粗显示。双击"Logic"下面的"MAIN",打开主程序,如图4-33所示。

图4-33　打开主程序

## 3. 程序编写

编写带触摸屏功能的梯形图程序,变量关联按照I/O分配表进行关联,程序不唯一,如图4-34所示。

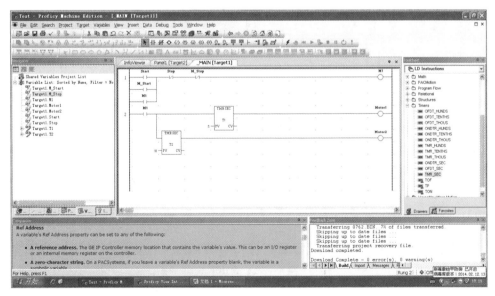

图4-34　程序编写

单击"Project"标签，切换到项目视图。单击工具栏上的✓图标，显示没有错误，如图4-35所示。

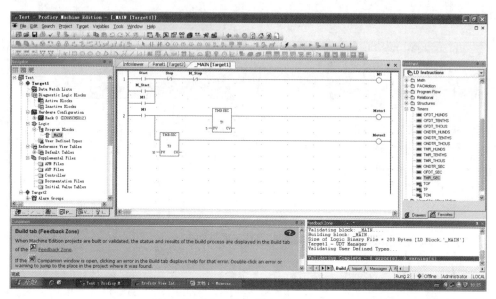

图4-35　项目验证

4. 在线，在线切换，下载运行

单击工具栏上在线图标⚡，单击工具栏上在线模式切换图标✋，单击工具栏上在线下载并运行图标，成功下载后的程序如图4-36所示。

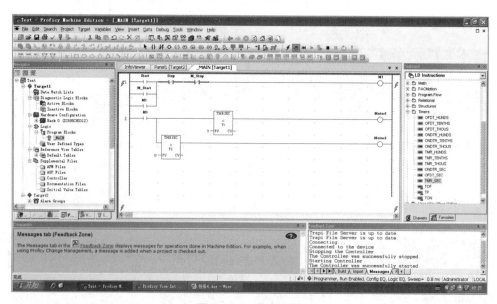

图4-36　成功下载

5. 操作按钮

按下开始按钮，5 s后，第1个电动机启动，在线监视程序如图4-37所示。

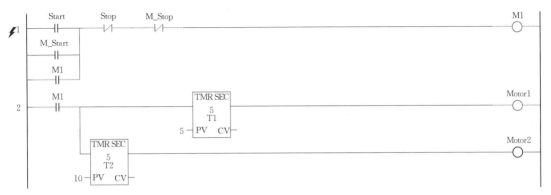

图4-37　第1个电动机启动

10 s 后，第 2 个电动机起动，在线监视程序如图 4-38 所示。

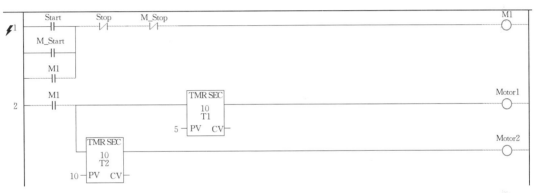

图4-38　第2个电动机启动

程序符合任务要求。单击小闪电图标，使"Target1"离线。

6. 激活"Target2"

右击"Target2"，在弹出的菜单中选择"Set As Active Target（激活对象）"，激活"Target2"和激活"Target1"方法相同，这里不做讲解。激活后"Target2"字体呈加粗显示。

7. 触摸屏组态编程

（1）打开面板。鼠标左键单击双击"Graphic Panels（图形面板）"前面的"+"，展开图形面板，下面出现"Panel1（面板 1）"。双击"Panel1"，右侧出现面板视图，更改面板背景色为灰色，如图 4-39 所示。

（2）在面板上布置对象。在面板上布置 2 个按钮，修改按钮的名称为"Start"和"Stop"，布置 2 个圆形，圆形上面添加文本工具，分别写上"Motor1"和"Motor2"，布置完成如图 4-40 所示。

（3）给面板对象关联变量。双击"Start"按钮，在弹出的对话框中，单击"Touch"标签，单击"Enable Touch Action Animat"前面的☑，单击▾，在弹出的下拉列表中选择"Monentary On"，单击"确定"按钮，如图 4-41所示。

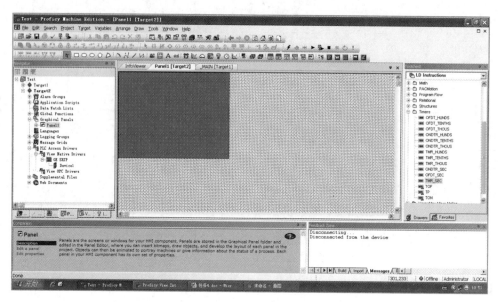

图 4 -39　打开触摸屏面板

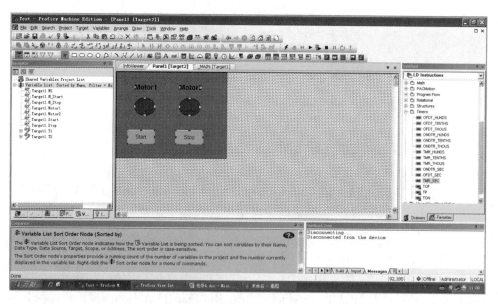

图 4 -40　布置面板

单击图标，在弹出的列表中，选择"Variables"，在弹出的变量列表中，双击
"Target1. M_ Start"，完成变量属性设置，单击"确定"按钮，如图 4 -42 所示。

双击"Stop"按钮，关联变量和"Start"按钮一样。

双击"Stop"按钮，在弹出的对话框中，单击"Touch"标签，单击"Enable Touch
Action Animat"前面的☑，单击▼，在弹出的下拉列表中选择"Monentary On"，单击"确
定"按钮，如图 4 -43 所示。

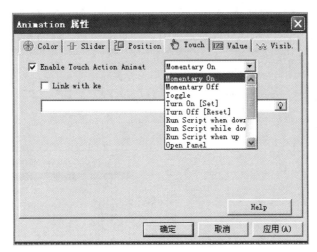

图 4 – 41　"Start"按钮属性

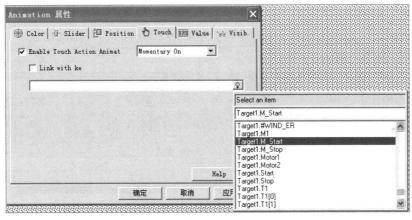

图 4 – 42　"Start"按钮变量关联

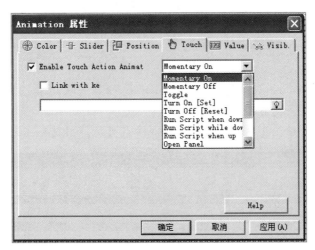

图 4 – 43　"Stop"按钮属性

单击🔆图标，在弹出的列表中，选择"Variables"，在弹出的变量列表中，双击选择"Target1. M_ Stop"，完成变量属性设置，单击"确定"按钮，如图 4-44 所示。

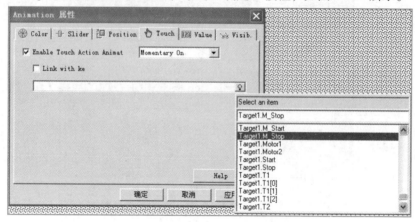

图 4-44　"Stop"按钮关联

双击第一个圆形（Motoro1 对应的圆形），在弹出的对话框中，单击"Color"标签，单击"Enable Fill Color Anim"前面的☑，鼠标左键单击🔆，在弹出的列表中，选择"Target1. Motoro1"，如图 4-45 所示。

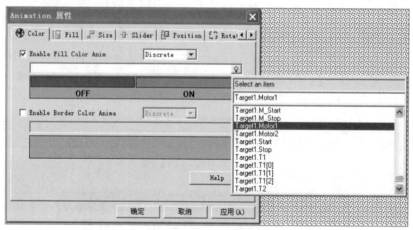

图 4-45　Motor1 属性设置

第二个圆形（Motoro2 对应的圆形）"Motor2"变量关联同第一个圆形"Motor1"，按照第一个圆形的步骤完成第二个圆形的设置。

（4）验证。鼠标单击工具栏上的✓图标，没有错误，如图 4-46 所示。

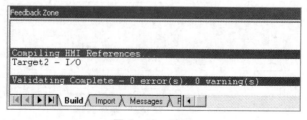

图 4-46　验证

（5）下载。单击工具栏上在下载并运行图标，效果如图4-47所示。

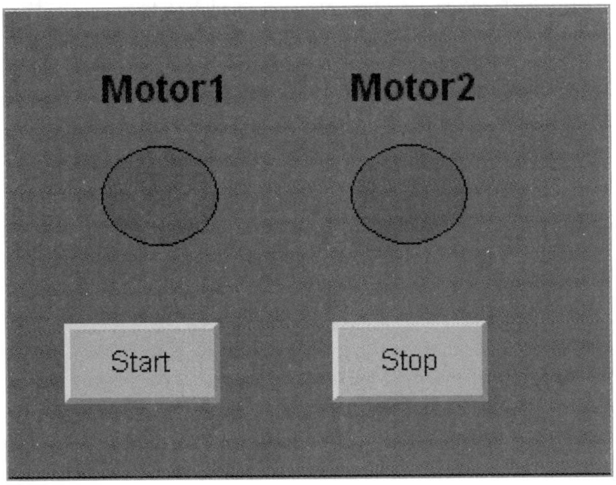

图4-47　演示效果

**能力实训**

根据任务示范的步骤，完成任务4的功能，详细技能点如表4-7所示。

表4-7　电动机顺序启动控制技能实训

| 序号 | 实训技能点 | 完成情况 | 备注 |
| --- | --- | --- | --- |
| 1 | I/O分配 | | |
| 2 | 编写PAC程序 | | |
| 3 | 触摸屏组态 | | |
| 4 | 添加触摸屏面板对象 | | |
| 5 | 触摸屏变量关联 | | |
| 6 | 项目验证、下载 | | |
| 7 | IC694ACC300按钮操作效果 | | |
| 8 | 触摸屏按钮操作效果 | | |

**拓展提高**

电动机正反转控制

电动机正反转控制，满足要求1和要求2。

要求1：电动机初始状态为停止状态（既不正转，也不反转）。当按下正转按钮时，电动机开始正转；当按下反转按钮时，电动机开始反转；当按下停止按钮时，电动机停止。编写PAC程序，实现上述功能。

要求2：在触摸屏上放置3个按钮，名称分别是正转，反转，停止。放置2个圆形，一个表示电动机正转，一个表示电动机反转。当电动机正转时，正转的圆形显示绿色，当电动机反转时，电动机反转的圆形显示绿色，当电动机停止时，圆形都显示红色。在触摸屏 Target 中完成上述功能。

　　要求 3：按下要求 1 中的按钮和按下要求 2 中的按钮，触摸屏显示效果一样。

思考练习

　　（1）触摸屏面板中放置的按钮关联的是什么类型的变量？
　　（2）写出本任务中的 I/O 分配表。
　　（3）触摸屏面板上的按钮关联变量时，选择哪个标签？
　　（4）触摸屏面板上的圆形关联变量时，选择哪个标签？
　　（5）触摸屏组态时，需要设置几个 IP 地址？每个 IP 地址对象是什么？

# 任务 ⑤

# 模拟量温度值在触摸屏中
# 的动态显示

## 任务目标

- 能够设置模拟量输入模块参数。
- 能够在触摸屏中添加数字数据显示工具，观察模拟量值的变化。

## 任务描述

新建一个触摸屏 Target2，在触摸屏中添加一个数字数据显示工具，关联模拟量输入模块 IC695ALG600 中的 RTD 模拟量，在触摸屏的数字数据显示工具中观察 RTD 值的变化。

## 任务分析

### 1. 模拟量输入模块 IC695ALG600 通道参数设置

模拟量输入模块 IC695ALG600 中的 RTD 模拟量配置在第二个通道，所以要显示 RTD 的值，就需要对模拟量输入模块 IC695ALG600 的第二个通道进行参数设置，设置过程在前面任务已经介绍，此处不做讲解。

### 2. 新建 RTD 变量及地址关联

新建一个 REAL 类型的变量，变量名称是 RTD。硬件正常组态情况下，模拟量输入模块 IC695ALG600 的开始地址应该是% AI00057，热电阻配置在第二个通道，所以 RTD 变量关联的地址是% AI00059。

### 3. 数字数据显示工具

模拟量输入模块 IC695ALG600 通道参数设置完毕、变量建立之后，就需要在触摸屏中添加数字数据显示工具，关联 RTD 变量。验证、运行下载，观察结果。

## 相关知识

（1）模拟量输入模块 IC695ALG600 通道参数设置。

（2）数字数据显示工具在触摸屏中的应用。

任务示范

打开模拟量输入模块 IC695ALG600，配置第二通道 RTD 属性，具体设置前面任务已经介绍。

打开触摸屏面板，单击触摸屏工具栏上的"Numeric Data Display Tool（数字数据显示工具）"，在面板上单击，如图 4 - 48 所示。

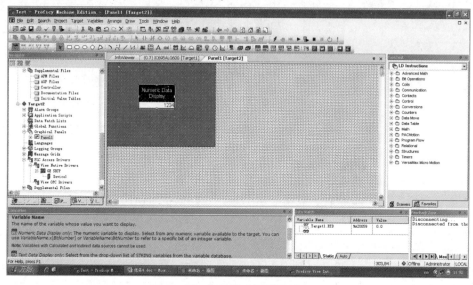

图 4 - 48　添加数字数据显示窗口

双击"Numeric Data Display Tool"对象，在弹出的对话框中，单击"Variable Name（变量名称）"对应输入框的 ••• 图标，在弹出的下拉列表中双击 RTD 温度值变量"Target1. RTD"，如图 4 - 49 所示。

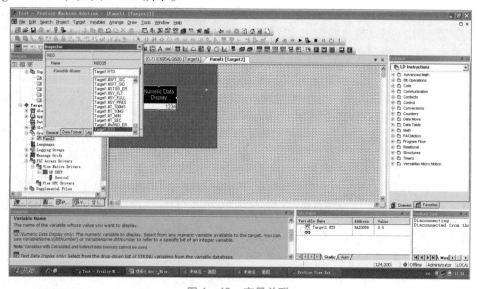

图 4 - 49　变量关联

关闭对话框。在数字数据显示工件的属性中，设置其显示位数为 8 位，小数位 4 位，如图 4 – 50 所示。

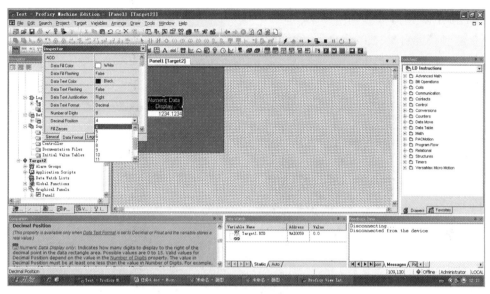

图 4 –50　数字数据显示工具数据格式参数设置

单击 ✓ 图标，没有错误后，鼠标左键单击下载运行 ▶ 图标，等待几秒后，触摸屏下载成功后，显示如图 4 –51 所示。

⌦ 能力实训

1. 设置热电偶、电流参数

参考任务示范中的步骤，设置模拟量输入模块 IC695ALG600 得热电偶、电流参数。热电偶配置在模拟量输入模块 IC695ALG600 中的第一个通道，电流配置在模拟量输入模块 IC695ALG600 中的第三个通道。

图 4 –51　RTD 温度值在触摸屏中的演示效果

2. 新建 2 个变量

新建 2 个 REAL 型变量，一个是热电偶，一个是电流。参考硬件组态中模拟量输入模块 IC695ALG600 的起始地址，分别给 2 个变量关联地址。

注意，硬件组态过程中可能会导致模拟量输入模块 IC695ALG600 的起始地址和任务示范中的不同。

3. 触摸屏添加数字数据显示窗口

在触摸屏中添加 2 个数字数据显示工具，一个关联的变量是热电偶，另一个关联的变量是电流，对触摸屏属性进行设置、验证、下载运行，观察数字数据显示工具中的结果。

**拓展提高**

触摸屏仿真器的使用

右击触摸屏对象"Target2"，在弹出的列表中选择"Property"，在弹出的对话框中，单击"Use Simulator（使用模拟器）"右侧的▼按钮，选择"Ture（真的）"选项，如图4-52所示。

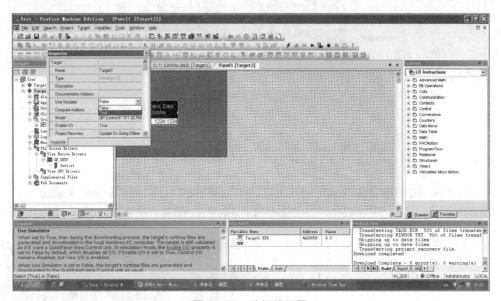

图4-52　选择模拟器

下载运行时，模拟器运行效果如图4-53所示。

图4-53　模拟器运行效果

思考练习

（1）如何查看模拟量输入模块 IC695ALG600 的起始地址？

（2）标准 PAC 培训系统的硬件组成中，热电偶和电流设置在模拟量输入模块 IC695ALG600 模块中的第几个通道？

（3）模拟量输入模块 IC695ALG600 的热电偶和电流参数是什么？

（4）如何对数字数据显示工具进行小数位数的设置？

（5）如果想用模拟器运行触摸屏显示效果，怎样进行设置？

# 项目 5

# GE智能平台综合技能项目设计与实训

**知识目标**
- 了解舞台灯光模拟工作原理。
- 了解乒乓球赛模块工作原理。
- 了解交通灯模拟模块工作原理。
- 了解三层电梯模拟工作原理。
- 了解混合液体模拟工作原理。
- 了解轧钢模拟机工作原理。
- 了解机械手搬运模拟工作原理。
- 了解全自动洗衣机模拟工作原理。
- 掌握常开触点常闭触点线圈、计时器、计数器等指令综合应用。
- 掌握各个模块的硬件接线方法及程序调试方法

**能力目标**
- 能够完成舞台灯光模拟项目设计与效果演示。
- 能够完成乒乓球赛项目设计与效果演示。
- 能够完成交通灯模拟项目设计与效果演示。
- 能够完成三层电梯模拟项目设计与效果演示。
- 能够完成混合液体模拟项目设计与效果演示。
- 能够完成轧钢模拟机项目设计与效果演示。
- 能够完成机械手搬运模拟项目设计与效果演示。
- 能够完成全自动洗衣机模拟项目设计与效果演示。

**素质目标**
- 培养学生创新能力。
- 培养学生团队合作、组织管理和沟通表达的能力。
- 培养学生确保安全，以人为本（企业6S管理之六——安全）。

# 任务 ① 舞台灯光模拟项目设计与实训

### 任务目标

- 了解舞台灯光模拟模块的工作原理。
- 熟悉 GE PAC RX3i 常用模块。
- 掌握 GE PAC RX3i 硬件组态。
- 掌握该项目所需的编程指令。
- 设计舞台灯光模拟项目程序。
- 能够完成舞台灯光模拟模块的电气连接。
- 能够完成舞台灯光模拟项目的运行调试，效果演示。

### 任务描述

霓虹灯广告和舞台灯光控制都可以采用 PLC 进行控制，如灯光的闪耀、移位及时序的变化等。图 5 – 1 为舞台灯光自动控制演示装置，它共有 10 道灯管，直线、拱形、圆形及文字。闪烁的时序为：中间文字0.5 s依次闪烁，外围灯管程扩散状，循环往复。

### 任务分析

舞台灯光模拟项目 I/O 地址分配

通过对舞台灯光模拟模块进行分析，有 2 个输入，包括一个启动按钮，一个停止按钮。10 个输出，包括 7 条灯带和 3 个字母。其中 A、B、F、G 四条灯带中每条由 9 个 LED 彩灯组成，呈对称圆弧状。C 灯带由 22 个 LED 彩灯组成的椭圆形状。D 和 E 是两条灯带每条由 7 个 LED 彩灯组成，呈对称直线状。K、N、T 三个字母分别由不同数量的 LED 彩灯组成。具体 I/O 地址分配如表 5 – 1 所示。

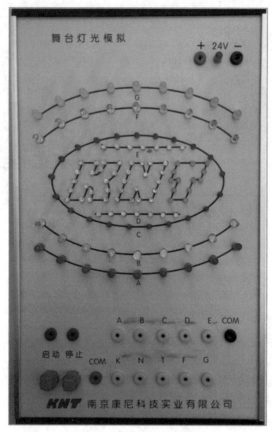

图 5 - 1　舞台灯光模拟模块

表 5 - 1　舞台灯光模拟项目 I/O 地址分配

| 输入/输出 | PAC I/O 地址分配 | 触摸屏 I/O 地址分配 | 对应接线端子 | 含义 |
|---|---|---|---|---|
| 输入 | | | I1 | 启动 |
| | | | I2 | 停止 |
| 输出 | | | Q1 | A |
| | | | Q2 | B |
| | | | Q3 | C |
| | | | Q4 | D |
| | | | Q5 | E |
| | | | Q6 | F |
| | | | Q7 | G |
| | | | Q8 | K |
| | | | Q9 | N |
| | | | Q10 | T |

相关知识

### 1. 舞台灯光电气接线图

舞台灯光模块除了按钮和彩灯之外，还有24 V和0 V电源端口，COM端口等。舞台灯光模块需要外部提供DC 24 V电源，模块上的按钮和彩灯通过PAC实训装置配置的32点开关量输入和32点开关量输出模块对应端口连接，完成电气连接，具体接线如图5-2所示。

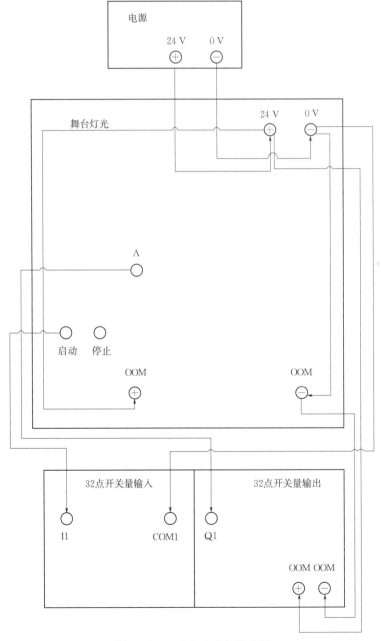

图 5-2　舞台灯光电气接线图

## 2. 舞台灯光模拟项目 PAC 外部接线

舞台灯光模拟项目 PAC 外部接线图如图 5 - 3 所示。

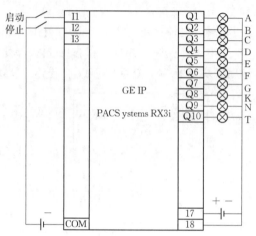

图 5 - 3    舞台灯光模拟项目 PAC 外部接线图

**任务设计与实训**

（1）设计舞台灯光模拟项目程序，并进行检查，保证正确。

（2）设计触摸屏同步显示程序。

（3）按照电气接口图接线。

（4）下载运行程序。

（5）按下启动和停止按钮，观察灯光闪烁效果。

# 任务 ② 乒乓球赛项目设计与实训

## 任务目标

- 了解乒乓球赛项目模块的工作原理。
- 熟悉 GE PAC RX3i 常用模块。
- 掌握 GE PAC RX3i 硬件组态。
- 掌握该项目所需的编程指令。
- 设计乒乓球赛项目程序。
- 能够完成乒乓球赛项目模块的电气连接。
- 能够完成乒乓球赛项目的运行调试，效果演示。

## 任务描述

乒乓球在空中的运动曲线由发光二极管来模拟。若 A 方发球，则球由 A 方运动到 B 方，若 B 方没有接到 A 方发来的球，则 A 得一分；若 B 方发球 A 方没有接到，则 B 方得一分，依此类推。在触摸屏上模拟乒乓球赛过程，A 方和 B 方得分显示在触摸屏上。设计程序，完成上述功能。分别按下 A、B 方发球，观察显示效果。图 5 – 4 为乒乓球赛模块。

## 任务分析

乒乓球赛项目 I/O 地址分配：

通过对乒乓球赛模块进行分析，有 2 个输入，包括一个启动按钮，一个停止按钮。12 个输出，分别用 LED 灯表示。A 方乒乓球运行轨迹为：C > E > G > I > K，B 方乒乓球运行轨迹为：D > F > H > J > L。具体 I/O 地址分配如表 5 – 2 所示。

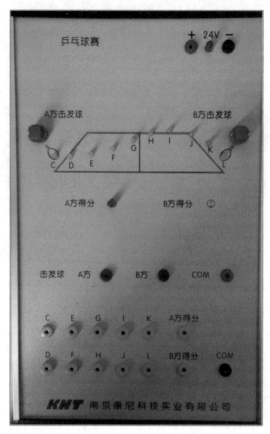

图 5 -4　乒乓球赛模块

表 5 -2　乒乓球赛项目 I/O 地址分配表

| 输入/输出 | PAC I/O 地址分配 | 触摸屏 I/O 地址分配 | 对应接线端子 | 含义 |
|---|---|---|---|---|
| 输入 | | | I1 | A 方发球 |
| | | | I2 | B 方发球 |
| 输出 | | | Q1 | C（A 方） |
| | | | Q2 | D |
| | | | Q3 | E |
| | | | Q4 | F |
| | | | Q5 | G |
| | | | Q6 | H |
| | | | Q7 | I |
| | | | Q8 | J |
| | | | Q9 | K |
| | | | Q10 | L（B 方） |
| | | | Q11 | A 方得分 |
| | | | Q12 | B 方得分 |

相关知识

**1. 乒乓球赛电气接线图**

乒乓球赛电气接线图参考舞台灯光电气接线图。

**2. 乒乓球赛项目 PAC 外部接线**

乒乓球赛项目 PAC 外部接线图如图 5-5 所示。

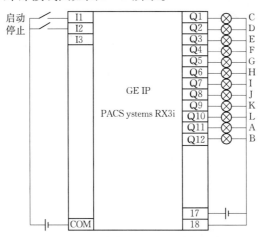

图 5-5　乒乓球赛项目 PAC 外部接线图

任务设计与实训

（1）设计乒乓球赛项目程序，并检查，保证正确。

（2）设计触摸屏同步显示程序。

（3）按照电气接口图接线。

（4）下载运行程序。

（5）按下启动和停止按钮，观察效果。

# 任务 ③ 交通灯模拟项目设计与实训

- 了解交通灯模拟模块的工作原理。
- 熟悉 GE PAC RX3i 常用模块。
- 掌握 GE PAC RX3i 硬件组态。
- 掌握该项目所需的编程指令。
- 设计交通灯模拟项目程序。
- 能够完成交通灯模拟模块的电气连接。
- 能够完成交通灯模拟项目的运行调试，效果演示。

📋 任务描述

十字路口交通信号灯在我们日常生活中经常可以遇到，其控制通常采用数字电路控制或单片机控制都可以达到目的，这里我们用 PAC 对其进行控制。交通灯模拟模块有 6 个输入，14 个输出，图 5 - 6 为交通灯模拟模块。

📝 任务分析

通过对交通灯模拟模块进行分析，有 6 个输入，包括一个启动按钮，一个停止按钮，4 个手动按钮 S1、S2、S3、S4。14 个输出，南北绿灯、南北黄灯、南北红灯、东西绿灯、东西黄灯、东西红灯、4 个方向人行横道绿灯、人行横道红灯等，分别用 LED 灯表示。具体 I/O 地址分配如表 5 - 3 所示。

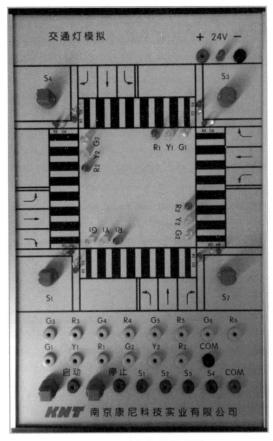

图 5 - 6　交通灯模拟模块

表 5 - 3　交通灯模拟模块 I/O 地址分配表

| 输入/输出 | PAC I/O 地址分配 | 触摸屏 I/O 地址分配（M） | 对应接线端子 | 含义 |
|---|---|---|---|---|
| 输入 | | | I1 | 启动 |
| | | | I2 | 停止 |
| | | | I3 | S1 |
| | | | I4 | S2 |
| | | | I5 | S3 |
| | | | I6 | S4 |
| 输出 | | | Q1 | G1 南北绿灯 |
| | | | Q2 | Y1 南北黄灯 |
| | | | Q3 | R1 南北红灯 |
| | | | Q4 | G2 东西绿灯 |
| | | | Q5 | Y2 东西黄灯 |
| | | | Q6 | R2 东西红灯 |

续上表

| 输入/输出 | PAC I/O 地址分配 | 触摸屏 I/O 地址分配（M） | 对应接线端子 | 含义 |
|---|---|---|---|---|
| 输出 | | | Q7 | G3 人行横道绿灯 |
| | | | Q8 | R3 人行横道红灯 |
| | | | Q9 | G4 人行横道绿灯 |
| | | | Q10 | R4 人行横道红灯 |
| | | | Q11 | G5 人行横道绿灯 |
| | | | Q12 | R5 人行横道红灯 |
| | | | Q13 | G6 人行横道绿灯 |
| | | | Q14 | R6 人行横道红灯 |

相关知识

1. 交通灯模拟电气接线图

交通灯模拟电气接线图参考舞台灯光电气接线图。

2. 交通灯模拟项目 PAC 外部接线

交通灯模拟项目 PAC 外部接线图如图 5-7 所示。

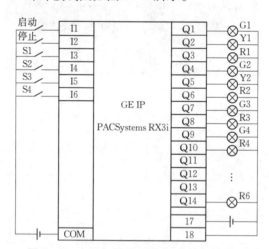

图 5-7　交通灯模拟项目 PAC 外部接线图

任务设计与实训

（1）设计交通灯模拟项目程序，并检查，保证正确。

（2）设计触摸屏同步显示程序。

（3）按照电气接口图接线。

（4）下载运行程序。

（5）按下启动、停止、S1、S2、S3、S4 等按钮，观察效果。

任务 **④**

# 3层电梯模拟项目设计与实训

- 了解三层电梯模拟模块的工作原理。
- 熟悉 GE PAC RX3i 常用模块。
- 掌握 GE PAC RX3i 硬件组态。
- 掌握该项目所需的编程指令。
- 设计三层电梯模拟项目程序。
- 能够完成三层电梯模拟模块的电气连接。
- 能够完成三层电梯模拟项目的运行调试，效果演示。

电梯已是我们日常生活中的重要工具，住宅区，商业大厦等等很多领域都有应用。

按下启动按钮电梯至工作准备状态。三个楼层信号任意一个置1，表示电梯停的当前层，此时，楼层信号灯点亮，按下电梯外呼信号 UP 或者 DOWN 电梯升降到所在楼层，电梯门打开，延时闭合，此时模拟人进入电梯。进入电梯后，按下内呼叫信号选择要去的楼层。关闭楼层限位（模拟离开当前层），打开目标楼层限位（表示到达该层）电梯门打开，延时闭合（模拟人出电梯过程）。三层电梯模块如图5-8所示。

三层电梯模拟项目 I/O 地址分配

通过对三层电梯模拟模块进行分析，有12个输入和13个输出，具体 I/O 地址分配如表5-4所示。

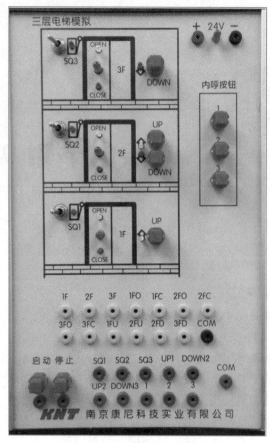

图 5 – 8　三层电梯模拟模块

表 5 – 4　三层电梯模拟项目 I/O 地址分配表

| 输入/输出 | PAC I/O 地址分配 | 触摸屏 I/O 地址分配（M） | 对应接线端子 | 含义 |
|---|---|---|---|---|
| 输入 | | | I1 | 启动 |
| | | | I2 | 停止 |
| | | | I3 | SQ1 |
| | | | I4 | SQ2 |
| | | | I5 | SQ3 |
| | | | I6 | UP1 |
| | | | I7 | DOWN2 |
| | | | I8 | UP2 |
| | | | I9 | DOWN3 |
| | | | I10 | 内呼 1 |
| | | | I11 | 内呼 2 |
| | | | I12 | 内呼 3 |

续上表

| 输入/输出 | PAC I/O 地址分配 | 触摸屏 I/O 地址分配（M） | 对应接线端子 | 含义 |
|---|---|---|---|---|
| | | | Q1 | 1F |
| | | | Q2 | 2F |
| | | | Q3 | 3F |
| | | | Q4 | 1FO |
| | | | Q5 | 1FC |
| | | | Q6 | 2FO |
| 输出 | | | Q7 | 2FC |
| | | | Q8 | 3FO |
| | | | Q9 | 3FC |
| | | | Q10 | 1FU |
| | | | Q11 | 2FU |
| | | | Q12 | 2FD |
| | | | Q13 | 3FD |

相关知识

1. 三层电梯模拟电气接线图

三层电梯模拟电气接线图参考舞台灯光电气接线图。

2. 三层电梯模拟项目 PAC 外部接线

三层电梯模拟项目 PAC 外部接线图如图 5 - 9 所示。

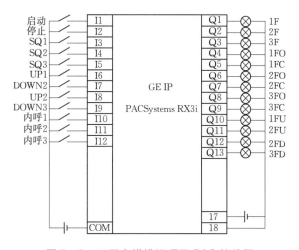

图 5 - 9　三层电梯模拟项目 PAC 接线图

**任务设计与实训**

（1）设计三层电梯模拟项目程序，并进行检查，保证正确。

（2）设计触摸屏同步显示程序。

（3）按照电气接口图接线。

（4）下载运行程序。

（5）按下启动、停止、电梯其他按钮，观察效果。

# 任务 **5**

## 混合液体模拟项目设计与实训

📋 **任务目标**

- 了解混合液体模拟模块的工作原理。
- 熟悉 GE PAC RX3i 常用模块。
- 掌握 GE PAC RX3i 硬件组态。
- 掌握该项目所需的编程指令。
- 设计混合液体模拟项目程序。
- 能够完成混合液体模拟模块的电气连接。
- 能够完成混合液体模拟项目的运行调试，效果演示。

✍️ **任务描述**

图 5 – 10 为三种液体混合装置。L1、L2、L3 为液面传感器，液面淹没时接通。T 为温度传感器，达到规定温度后接通。液体 1、液体 2、液体 3 与混合液体电磁阀由 Y1、Y2、Y3、Y4 控制，M 为搅匀电动机，H 为加热炉，其控制要求如下：

### 1. 初始状态

装置投入运行时，液体 A、B、C 阀门 Y1、Y2、Y3 关闭，混合液体阀门 Y4 打开一定时间容器放空后关闭。

### 2. 启动操作

按下启动按钮 START，装置开始按下列给定规律运转：

（1）液体 A 阀门 Y1 打开，液体 A 流入容器，当液面到达 L3 时，L3 接通，关闭液体 A 阀门 Y1，打开液体 B 阀门。

（2）当液面到达 L2 时，关闭液体 B 阀门 Y2，打开液体 C 阀门 Y3。搅匀电机启动，开始对液体进行搅匀。

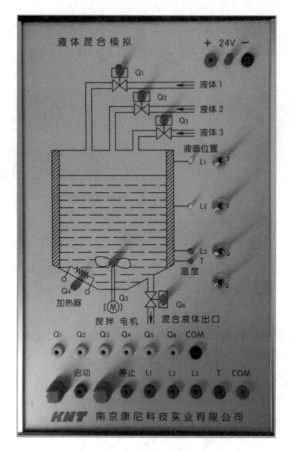

图 5-10　混合液体模拟模块

（3）当液面到达 L1 时，关闭阀门 Y3。并开启加热器。

（4）当温度传感器到达设定温度时，加热器停止加热。

（5）通过一段时间的延时，搅匀电机停止工作，出水阀门 Y4 打开，将搅匀的液体放出。

（6）当液面下降到 L3 时，液面传感器 L3 由接通变断开，再过 3 s 后，容器放空，混合液体阀门 Y4 关闭，开始下一周期。

3. 停止操作

按下停止按钮 STOP 后，要将当前的混合操作处理完毕后，才停止操作（停在初始状态）。

任务分析

混合液体模拟项目 I/O 地址分配

通过对混合液体模拟模块进行分析，有 6 个输入和 6 个输出，具体 I/O 地址分配如表 5-5 所示。

表 5 - 5　混合液体模拟项目 I/O 地址分配表

| 输入/输出 | PAC I/O 地址分配 | 触摸屏 I/O 地址分配 | 对应接线端子 | 含义 |
|---|---|---|---|---|
| 输入 |  |  | I1 | 启动 |
|  |  |  | I2 | 停止 |
|  |  |  | I3 | 液面传感器 L1 |
|  |  |  | I4 | 液面传感器 L2 |
|  |  |  | I5 | 液面传感器 L3 |
|  |  |  | I6 | 温度传感器 T |
| 输出 |  |  | Q1 | 液体 1 阀门 Q1 |
|  |  |  | Q2 | 液体 2 阀门 Q2 |
|  |  |  | Q3 | 液体 3 阀门 Q3 |
|  |  |  | Q4 | 加热炉 Q4 |
|  |  |  | Q5 | 搅拌电动机 Q5 |
|  |  |  | Q6 | 混合液体阀门 Q6 |

相关知识

**1. 混合液体模拟电气接线图**

混合液体模拟电气接线图参考舞台灯光电气接线图。

**2. 混合液体模拟项目 PAC 外部接线**

混合液体模拟项目 PAC 外部接线图如图 5 - 11 所示。

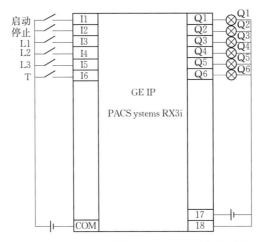

图 5 - 11　混合液体模拟项目 PAC 外部接线图

任务设计与实训

（1）设计混合液体模拟项目程序，并进行检查，保证正确。

（2）设计触摸屏同步显示程序。

（3）按照电气接口图接线。

（4）下载运行程序。

（5）按下启动、停止、液面传感器 L1、L2、L3、温度传感器 T 等按钮，观察效果。

任务 ⑥

# 轧钢模拟机项目设计与实训

## 任务目标

- 了解轧钢模拟机模块的工作原理。
- 熟悉 GE PAC RX3i 常用模块。
- 掌握 GE PAC RX3i 硬件组态。
- 掌握该项目所需的编程指令。
- 设计轧钢模拟机项目程序。
- 能够完成轧钢模拟机模块的电气连接。
- 能够完成轧钢模拟机项目的运行调试，效果演示。

## 任务描述

在冶金企业中轧钢机是重要的组成部分，下面我们将要用 PAC 实现对轧钢机的模拟，图为模拟模板。工作流程如下：

当起始位置检测到有钢板时，电动机 M1、M2 开始转动，电动机 M3 正转（M3Z 得电），同时轧钢机的档位至 A 档，将钢板扎成 A 档厚度，当钢板运行到左侧检测钢板到达时，电磁阀 Y1 得电，左面滚轴升高，电动机 M2 停止转动，电动机 M3 反转（M3F 得电）将钢板送回起始侧。

当起始侧再次检测到有钢板时，轧钢机跳到 B 挡，把钢板扎成 B 挡厚度，电磁阀 Y1 失电，滚轴下降，电动机 M3 正转（M3Z 得电），电动机 M2 转动，当钢板运行到左侧检测钢板到达时，电磁阀 Y1 得电，滚轴升高，电动机 M2 停止转动，电动机 M3 反转，将钢板送回起始侧。轧钢模拟机模块如图 5 – 12 所示。

## 任务分析

轧钢模拟机项目 I/O 地址分配

通过对轧钢模拟机模块进行分析，有 4 个输入和 8 个输出，具体 I/O 地址分配如表 5 – 6 所示。

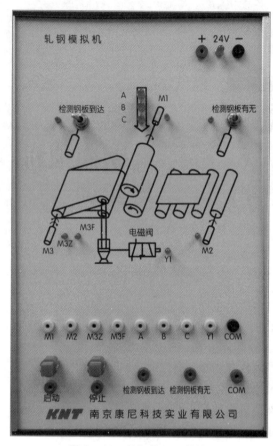

图 5-12 轧钢模拟机模块

表 5-6 轧钢模拟机项目 I/O 地址分配表

| 输入/输出 | PAC I/O 地址分配 | 触摸屏 I/O 地址分配 | 对应接线端子 | 含义 |
|---|---|---|---|---|
| 输入 | | | I1 | 启动 |
| | | | I2 | 停止 |
| | | | I3 | 检测到位 |
| | | | I4 | 检测有无 |
| 输出 | | | Q1 | M1 |
| | | | Q2 | M2 |
| | | | Q3 | M3Z |
| | | | Q4 | M3F |
| | | | Q5 | A |
| | | | Q6 | B |
| | | | Q7 | C |
| | | | Q8 | Y1 |

相关知识

**1. 轧钢模拟机电气接线图**

轧钢模拟机电气接线图参考舞台灯光电气接线图。

**2. 轧钢模拟机项目 PAC 外部接线**

轧钢模拟机项目PAC外部接线图如图 5 – 13 所示。

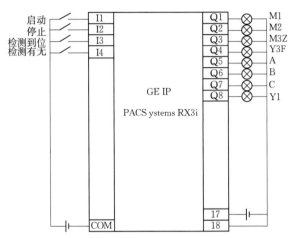

图 5 – 13　轧钢模拟机项目 PAC 外部接线图

任务设计与实训

（1）设计轧钢模拟机项目程序，并进行检查，保证正确。

（2）设计触摸屏同步显示程序。

（3）按照电气接口图接线。

（4）下载运行程序。

（5）按下启动、停止、检测到位、检测有无等按钮，观察效果。

任务 **7**

# 机械手搬运模拟项目设计与实训

## 任务目标

- 了解机械手搬运模拟模块的工作原理。
- 熟悉 GE PAC RX3i 常用模块。
- 掌握 GE PAC RX3i 硬件组态。
- 掌握该项目所需的编程指令。
- 设计机械手搬运模拟项目程序。
- 能够完成机械手搬运模拟模块的电气连接。
- 能够完成机械手搬运模拟项目的运行调试，效果演示。

## 任务描述

机械手的应用是现代工业自动化发展的重要一步，大大节约了人力、物力，是我们以后工作中可能遇到的重要的工业设备，有必要了解其工作原理及控制方法。

机械手搬运模拟项目的操作流程如下：

1. 复位

按下 SQ2 和 SQ4，手动使机械手回到原点（左移到位，上升到位），气爪张开。

2. 启动

按下启动按钮后，机械手下降，当按下 SQ1（下降到位传感器），下降到位后，气爪夹紧（延时 2 s），夹紧后机械手开始上升，当按下 SQ2（上升到位传感器时）时，上升到位后机械手向右移动，当按下 SQ3（右移到位传感器），右移动到位后机械手开始下降，当按下 SQ1 下降到位，下降到位后气爪松开（延时 2 s），松开后机械手上升，当按下 SQ2（上升到位传感器时）时，上升到位后机械手向左运动，回到原点，一次工件搬运完成。循环上述动作。

3. 停止

任何时候按下停止按钮，停止所有动作。

机械手搬运模拟模块如图 5 – 14 所示。

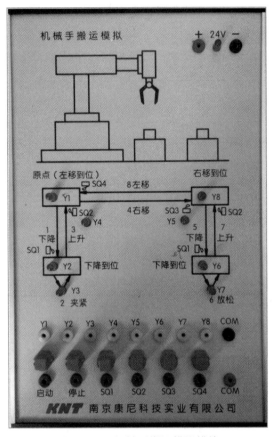

图 5 – 14　机械手搬运模拟模块

任务分析

机械手搬运模拟项目 I/O 地址分配

通过对轧钢模拟机模块进行分析，有 6 个输入和 8 个输出，具体 I/O 地址分配如表 5 –7 所示。

表 5 –7　机械手搬运模拟项目 I/O 地址分配表

| 输入/输出 | PAC I/O 地址分配 | 触摸屏 I/O 地址分配 | 对应接线端子 | 含义 |
| --- | --- | --- | --- | --- |
| 输入 | | | I1 | 启动 |
| | | | I2 | 停止 |
| | | | I3 | SQ1 下降到位 |
| | | | I4 | SQ2 上升到位 |
| | | | I5 | SQ3 右移到位 |
| | | | I6 | SQ4 左移到位 |

续上表

| 输入/输出 | PAC I/O 地址分配 | 触摸屏 I/O 地址分配 | 对应接线端子 | 含义 |
|---|---|---|---|---|
| | | | Q1 | Y1 |
| | | | Q2 | Y2 |
| | | | Q3 | Y3 |
| 输出 | | | Q4 | Y4 |
| | | | Q5 | Y5 |
| | | | Q6 | Y6 |
| | | | Q7 | Y7 |
| | | | Q8 | Y8 |

**相关知识**

**1. 机械手搬运模拟电气接线图**

机械手搬运模拟电气接线图参考舞台灯光电气接线图。

**2. 机械手搬运模拟项目 PAC 接线**

机械手搬运模拟项目 PAC 接线图如图 5 - 15 所示。

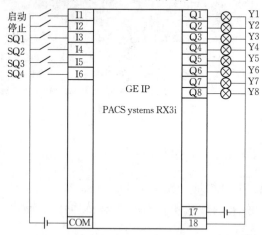

图 5 - 15　机械手搬运模拟项目 PAC 外部接线图

**任务设计与实训**

（1）设计机械手搬运模拟项目程序，并进行检查，保证正确。

（2）设计触摸屏同步显示程序。

（3）按照电气接口图接线。

（4）下载运行程序。

（5）按下启动、停止、左移到位、右移到位、上升到位、下降到位等按钮，观察效果。

# 任务 **8**

# 全自动洗衣机模拟项目设计与实训

📋 **任务目标**

- 了解全自动化洗衣机模拟模块的工作原理。
- 熟悉 GE PAC RX3i 常用模块。
- 掌握 GE PAC RX3i 硬件组态。
- 掌握该项目所需的编程指令。
- 设计全自动化洗衣机模拟项目程序。
- 能够完成全自动洗衣机模拟模块的电气连接。
- 能够完成全自动洗衣机模拟项目的运行调试，效果演示。

✎ **任务描述**

全自动洗衣机是日常生活中普遍使用的自动化电器，给我们的生活带来了方便，下面我们将模拟全自动洗衣机，了解其工作原理。

全自动洗衣机模拟工作流程如下：

1. 启动

按下启动按钮进水口开始进水，进水口指示等亮，当水位达到高水位限制开关的时候，停止进水。运行灯亮。

2. 洗衣过程

当进水完成后，洗涤电机开始转动，运行指示灯闪烁。为了更好地洗涤衣服，我们设定洗涤电机正转，反转相互交替三次（可自由改动）。当设定洗涤次数完成时，排水灯亮，洗涤电机停止转动。将桶内水排完。当水排完后，洗涤电机启动，将衣服甩干，当设定的时间结束时，洗衣完成，排水灯熄灭，运行指示等亮。

3. 报警

当洗衣过程中，水位超过高水位限位点，报警，指示灯亮，洗涤电机停止转动，指示灯熄灭。

全自动洗衣机模拟模块如图 5 – 16 所示。

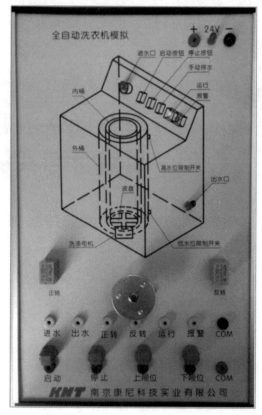

图 5 – 16　全自动洗衣机模拟模块

任务分析

全自动洗衣机模拟项目 I/O 地址分配

通过对全自动洗衣机模拟模块进行分析，有 4 个输入和 6 个输出，具体 I/O 地址分配如表 5 – 8 所示。

表 5 – 8　全自动洗衣机模拟项目 I/O 地址分配表

| 输入/输出 | PAC I/O 地址分配 | 触摸屏 I/O 地址分配 | 对应接线端子 | 含义 |
|---|---|---|---|---|
| 输入 | | | I1 | 启动 |
| | | | I2 | 停止 |
| | | | I3 | 上限 |
| | | | I4 | 下限 |
| 输出 | | | Q1 | 进水 |
| | | | Q2 | 出水 |

续上表

| 输入/输出 | PAC I/O 地址分配 | 触摸屏 I/O 地址分配 | 对应接线端子 | 含义 |
|---|---|---|---|---|
| 输出 | | | Q3 | 电机正转 |
| | | | Q4 | 电机反转 |
| | | | Q5 | 运行指示灯 |
| | | | Q6 | 报警 |

**相关知识**

1. 全自动洗衣机模拟电气接线图

全自动洗衣机模拟电气接线图参考舞台灯光电气接线图。

2. 全自动洗衣机模拟项目 PAC 外部接线

全自动洗衣机模拟项目 PAC 外部接线图如图 5 - 17 所示。

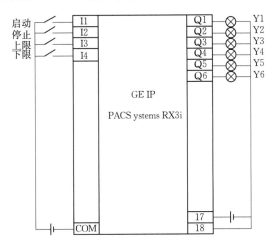

图 5 - 17　全自动洗衣机模拟 PAC 接线

**任务设计与实训**

(1) 设计全自动洗衣机模拟项目程序，并进行检查，保证正确。

(2) 设计触摸屏同步显示程序。

(3) 按照电气接口图接线。

(4) 下载运行程序。

(5) 按下启动、停止、上限、下限按钮，分别观察效果。

# 参 考 文 献

［1］刘艺柱．GE智能平台自动化系统实训教程（基础篇）［M］．天津：天津大学出版社，2014.

［2］郁汉琪，王华．可编程自动化控制器（PAC）技术及应用（基础篇）［M］．北京：机械工业出版社，2011.

［3］原菊梅，叶树江．可编程自动化控制器（PAC）技术及应用（提高篇）［M］．北京：机械工业出版社，2011.